Florian Larramendy

Interface entre neurones et puces structurées électroniques

Florian Larramendy

Interface entre neurones et puces structurées électroniques

Pour la détection de potentiels d'action

Presses Académiques Francophones

Impressum / Mentions légales

Bibliografische Information der Deutschen Nationalbibliothek: Die Deutsche Nationalbibliothek verzeichnet diese Publikation in der Deutschen Nationalbibliografie; detaillierte bibliografische Daten sind im Internet über http://dnb.d-nb.de abrufbar.

Alle in diesem Buch genannten Marken und Produktnamen unterliegen warenzeichen-, marken- oder patentrechtlichem Schutz bzw. sind Warenzeichen oder eingetragene Warenzeichen der jeweiligen Inhaber. Die Wiedergabe von Marken, Produktnamen, Gebrauchsnamen, Handelsnamen, Warenbezeichnungen u.s.w. in diesem Werk berechtigt auch ohne besondere Kennzeichnung nicht zu der Annahme, dass solche Namen im Sinne der Warenzeichen- und Markenschutzgesetzgebung als frei zu betrachten wären und daher von jedermann benutzt werden dürften.

Information bibliographique publiée par la Deutsche Nationalbibliothek: La Deutsche Nationalbibliothek inscrit cette publication à la Deutsche Nationalbibliografie; des données bibliographiques détaillées sont disponibles sur internet à l'adresse http://dnb.d-nb.de.

Toutes marques et noms de produits mentionnés dans ce livre demeurent sous la protection des marques, des marques déposées et des brevets, et sont des marques ou des marques déposées de leurs détenteurs respectifs. L'utilisation des marques, noms de produits, noms communs, noms commerciaux, descriptions de produits, etc, même sans qu'ils soient mentionnés de façon particulière dans ce livre ne signifie en aucune façon que ces noms peuvent être utilisés sans restriction à l'égard de la législation pour la protection des marques et des marques déposées et pourraient donc être utilisés par quiconque.

Coverbild / Photo de couverture: www.ingimage.com

Verlag / Editeur:
Presses Académiques Francophones
ist ein Imprint der / est une marque déposée de
AV Akademikerverlag GmbH & Co. KG
Heinrich-Böcking-Str. 6-8, 66121 Saarbrücken, Deutschland / Allemagne
Email: info@presses-academiques.com

Herstellung: siehe letzte Seite /
Impression: voir la dernière page
ISBN: 978-3-8416-2008-8

Copyright / Droit d'auteur © 2013 AV Akademikerverlag GmbH & Co. KG
Alle Rechte vorbehalten. / Tous droits réservés. Saarbrücken 2013

Thèse

En vue de l'obtention du

Doctorat de l'Université de Toulouse
Délivré par l'Université Toulouse III – Paul Sabatier

Ecole Doctorale : Génie Electrique, Electronique et Télécommunications
(GEET)
Discipline MicroNano Systèmes

Présentée et soutenue par

Florian LARRAMENDY

Le 22 Février 2013

Interface entre neurones et puces structurées électroniques pour la détection de potentiels d'action

Directeurs de thèse :

M. Liviu NICU
M. Pierre TEMPLE-BOYER

Rapporteurs :

Mme Anne-Claire SALAÜN
M. Dominique REBIERE

Autre membres du jury :

M. Frédéric MORANCHO
Mme Catherine VILLARD
M. Pascal MAILLEY

« *La Science ne résout jamais un problème sans en créer dix nouveaux* »
Georges Bernard Shaw (1856-1950)

      Lors de nombreuses conversations avec des personnes du monde scientifique mais surtout avec des personnes extérieures à ce monde, il est apparu que le sujet de ma thèse, et particulièrement ce vers quoi pouvaient tendre les applications de ce sujet, pouvait soulever un problème d'éthique. En effet, à l'heure où les nanotechnologies font l'objet de débats animés entre publics plus ou moins sceptiques, le fait de pouvoir « communiquer » avec les neurones à l'aide de puces électroniques et de pouvoir pénétrer dans l'intimité du cerveau, entraine des peurs liées à la perte de contrôle de l'homme réduisant progressivement ce dernier au statut de « simple machine ». De ce fait, il semble à certains que mon travail de thèse contribue à, je cite, « la robotisation des hommes ». Je réponds à cela que la science est pour moi un outil et que tout outil peut être utilisé à des fins bénéfiques ou néfastes selon son utilisateur. Pour ma part, j'ai poursuivi ces travaux en gardant comme objectif à long terme de donner un outil d'aide à la compréhension de certaines maladies neuro-dégénératives telles que la maladie d'Alzheimer.

Remerciements

Avant toute chose, je tiens à dire un grand MERCI à mes deux co-directeurs de thèse, Liviu Nicu (NBS) et Pierre Temple-Boyer (MICA) qui ont fait de cette thèse un moment de richesse intellectuelle et personnelle. Merci à Liviu pour m'avoir fait confiance tout au long de ma thèse, en acceptant mes choix, mais surtout en les soutenant. Merci à Pierre pour sa disponibilité, sa gentillesse et son apport personnel dans mon projet.

Je tiens à remercier ensuite Charline Blatché (I2C), Amel Bendali (Institut de la Vision) et Fabrice Mathieu (I2C) sans qui ce projet n'aurait jamais abouti. Merci à Charline pour m'avoir aidé, appris et fait comprendre les rudiments de la biologie, qui a eu la patience et la gentillesse de travailler avec moi et qui, j'espère, restera une collègue et amie ; à Amel Bendali, pour son partenariat avec l'Institut de la Vision à Paris et la réussite de l'orientation neuronale, ainsi qu'à Fabrice, pour sa forte implication dans la partie électronique du projet et pour ses discussions extra professionnelles.

J'ai une pensée particulière pour tous ceux qui ont participé de près ou de loin à ce projet comme Yoann Roupioz et ses collègues du CEA-SPrAM, Serge Picaud et son équipe de l'Institut de la Vision, Samuel Charlot, Laurent Mazenq, Eric Imbernon et l'ensemble de l'équipe TEAM ainsi que Sandrine Assié et le service 2IC.

Je ne peux oublier tous ceux qui ont également contribué à la bonne ambiance qui a régné durant ma thèse comme mes amis du groupe NanoBioSystèmes et du groupe MICrosystèmes d'Analyses. Je pense aux « anciens », Aline, Sabrina, Thierry, Thomas, Daisuke, Christian, Sven, Florent et Sam et à tous les « nouveaux », Aliki, Laurène, Nadia, Pattamon, Valentina, Emilie, Lyes, Denis, Adrian, John, Carlos et Sahid. Autre que les amis, il y a aussi les gens avec qui j'ai pu discuter et qui m'ont toujours apporté un moment chaleureux comme les « *Femmes de ménages de la salle blanche* », l'équipe de la cantine et tous les gens qui travaillent dans l'ombre au LAAS-CNRS.

La liste serait incomplète sans dire un grand merci à Anne-Claire Salaün et Dominique Rebière, qui outre leur grande gentillesse personnelle, ont accepté d'être les rapporteurs de la thèse. Merci également aux autres membres du jury, Catherine Villard, Pascal Mailley et Frédéric Morancho.

Je ne pourrais terminer ces remerciements sans penser à mes parents et ma famille qui ont toujours été là dans les bons et les mauvais moments et qui m'ont toujours apporté leur soutien. Merci à eux.

Merci à tous

Table des matières

Introduction Générale — 11

Chapitre I : Etat de l'art — 13

Introduction — 14

I. L'interface homme-machine — 14

1. Les membres « moteurs » du corps humain — 14
2. Le goût — 15
3. La vue — 16

II. Les neurones — 17

1. La morphologie — 17
2. Le potentiel d'action — 18
3. Les canaux ioniques — 18

III. Les systèmes de mesure de potentiels d'actions — 19

1. Les MEAs et les électrodes — 19
2. Les capteurs à base de transistors — 21
3. Les neuropuces — 24
4. Le *Patch-clamp* — 25

Nos choix par rapport à l'état de l'art et conclusion — 27

Chapitre II : La Technologie — 33

Introduction — 34

I. Etude des NeuroFETs et conception de leurs masques — 34

1. Simulations sous ATHENA — 34
2. Cahier des charges — 36
3. Utilisation de grilles déportées : *Extended Gate* — 37
4. Dimensionnement de la grille — 38
5. Réalisation et présentation des masques — 38

II.	**Fabrication et caractérisation de micro-capteurs NeuroFET**	**41**
	1. Description du procédé technologique	41
	2. Présentation des NeuroFETs	53
	3. Caractérisations électriques des différents dispositifs	55
III.	**Vers l'ISFET sensible au Na$^+$ et K$^+$**	**57**
	1. Etude de l'aluminosilicate	57
	2. Modification du process *NeuroFETs* vers le process *ISFETs*	61

Conclusion — 65

Chapitre III : Culture Neuronale — 67

Introduction — 68

I. **Culture neuronale sur SU-8** — 68

    1. Premiers tests de culture neuronale sur SU-8 — 68
    2. Biocompatibilité de la SU-8 — 71

II. **Du laminage à la SU-8 3D** — 72

    1. Le laminage — 72
    2. La SU-8 3D — 74

III. **Orientation neuronale à l'aide de la SU-8 3D** — 81

    1. Dessins des masques de la SU-8 3D pour le procédé NeuroFETs — 81
    2. Résultats des nouvelles cultures cellulaires — 82

Conclusion — 84

Chapitre IV : Résultats — 87

Introduction — 88

I. **La mise en boitier de la puce à NeuroFETs** — 88

    1. Report de la puce par contact sur carte spécifique de type *PCB* — 88
    2. Mise en place du cône de culture — 92

| II. | L'électronique associée | 92 |

1. Principe de détection 93
2. Principe de l'électronique 94
3. Résultats expérimentaux 99

| III. | Les ISFETs sensibles aux ions Na^+ et K^+ | 102 |

| IV. | Vers les mesures du potentiel d'action | 105 |

1. Culture de neurones d'escargots 105
2. Mesure de potentiels d'actions à l'aide des NeuroFETs 108
3. Régénération des puces pour réutilisation 112

Conclusion 112

Conclusion générale et perspectives 114

ANNEXES 117

Introduction Générale

Depuis toujours, l'homme a voulu contrôler son environnement, ceci étant d'autant plus vrai depuis qu'il a créé tout un ensemble de machines qui lui ont facilité la tâche dans ce sens. En quelques dizaines d'années, l'interface homme-machine a connu une évolution très importante. Ainsi, dans les années 1950, il fallait recourir à des tableaux de connexion, sur lesquels on enfichait des câbles reliant deux opérateurs, pour programmer des opérations mathématiques sur les tabulatrices électromécaniques, lointains ancêtres de nos calculatrices programmables. Dans les années 1960, les systèmes sont devenus capables d'interpréter une ligne de commande : le clavier s'est imposé, bientôt accompagné de l'écran. Dès cette époque, des modes d'interaction plus conviviaux avec les machines ont été recherchés. En 1964, Douglas C. Engelbart avait conçu les principes de l'interface graphique moderne : au lieu d'afficher des lignes de commandes les unes à la suite des autres, l'écran pouvait accueillir des fenêtres dans lesquelles s'affichaient des menus, auxquels on pouvait accéder en déplaçant un pointeur avec une souris. Ecran, clavier, souris : les trois éléments fondamentaux de l'interface de nos ordinateurs personnels étaient réunis. Depuis ce temps, l'interface homme-ordinateur a légèrement évolué. Mais quand on parle de l'interface homme-machine, on pense également à l'« homme machine », cyborg en anglais, comme Robocop ou Terminator dans l'imagination du néophyte. En effet, il est possible depuis des dizaines années, d'interfacer la machine à l'homme pour améliorer ou rétablir des fonctions corporelles, telle que l'audition avec l'avènement de l'audioprothèse ou de façon plus intime à l'homme, le stimulateur cardiaque, ou pacemaker, qui implanté dans l'organisme, délivre des impulsions électriques au niveau du cœur lui permettant par exemple d'accélérer ce dernier lorsqu'il est trop lent. Depuis lors, l'homme est en perpétuelle recherche d'améliorations ou même de remplacements de certaines fonctions défectueuses du corps humain, à l'aide d'outils comparables à la souris ou au clavier pour l'ordinateur. De nombreux travaux se sont alors focalisés sur la partie qui contrôle le corps humain : le cerveau. L'interface cerveau-machine était née. Il a alors été démontré par P. Fromherz en 1991 [FROM 91], 6 ans après avoir évoqué l'idée [FROM 85], qu'il peut y avoir une affinité entre les neurones, cellules constituant l'unité fonctionnelle de base du système nerveux, et le silicium, support de base de l'électronique actuelle. L'interface neuro-électrique venait de voir le jour.

Mes travaux de thèse s'inscrivent dans le cadre de l'interface entre neurones et puces électroniques pour la mesure de potentiels d'action à l'aide de capteurs de type transistors à effet de champ. Dans un premier temps, l'attention a été portée sur la conception et la validation de capteurs permettant la mesure électrique de potentiels d'action. Les puces contenant les capteurs ont été réalisées dans la salle blanche du LAAS-CNRS (Laboratoire d'Analyse et d'Architecture des Systèmes). Dans un second temps, les travaux ont été focalisés sur la fonctionnalisation du capteur et les moyens mis en œuvre pour orienter la croissance des neurites lors de la mise en culture de neurones. L'organisation de ce mémoire suit ainsi le fil directeur suivant : « Conception », « Fabrication » et « Caractérisation ».

Le premier chapitre de cette thèse introduit différents exemples de l'interface homme-machine puis de l'homme-machine. Nous nous focalisons ensuite vers l'interface cerveau-machine en parlant du principal moyen de connexions électriques du corps : les neurones. Nous finissons par un état de l'art de différentes techniques actuelles permettant la mesure du signal électrique provenant des neurones pour nous amener vers le cœur du sujet de cette thèse.

Le second chapitre est consacré à la partie technologie du composant et de l'aspect étude, fabrication et caractérisation des différents capteurs utilisés dans ce sujet. Une étude de matériaux fait également l'objet de ce chapitre car elle a amené à la fabrication d'un capteur spécifique.

Le troisième chapitre présente les premiers tests de neurones sur puces, puis les différentes techniques utilisées pour orienter la croissance axonale des neurones ainsi que la fonctionnalisation des puces. Une nouvelle méthode de fabrication de canaux est ensuite expliquée ainsi que l'application directe au sujet de cette thèse. Les principaux résultats obtenus en partenariat avec l'Institut de la Vision à Paris y sont également présentés.

Le quatrième chapitre est dédié aux résultats phares de cette thèse. En effet, nous y présentons en premier lieu, la mise en boitier des puces sur support et l'étude de l'électronique associée. La seconde partie présente les résultats obtenus avec l'un des capteurs étudié dans le chapitre II. Pour terminer, nous expliquons comment nous sommes parvenus à nos objectifs à l'aide des travaux présentés au cours de la thèse et de la culture de neurones d'escargots.

Une conclusion générale ainsi que des perspectives montrant de possibles suites à ce travail, clôturent ce mémoire.

Chapitre I

Etat de l'art

Introduction

En 1780, Luigi Galvani démontre que la stimulation électrique d'un nerf provoque la contraction du muscle relié. En 1791, il répète la même expérience avec succès sur le cœur. De nos jours, après plus de cinquante ans de progrès dans le monde des composants semi-conducteurs et dans le domaine de la neurobiologie, il est envisageable de faire des interactions, entre les deux domaines, bien plus complexes. Ces deux domaines combinés font maintenant partie d'un domaine plus vaste : les biotechnologies. Cette discipline couvrant un large panel de domaines, nous ne nous intéresserons qu'aux biosystèmes. Il y a deux axes distincts dans les biosystèmes. Le premier consiste à s'inspirer de la nature pour créer des nouveaux systèmes, comme par exemple le velcro qui est une invention inspirée de la nature, de cette fleur de Bardane qui s'accroche à nos vêtements ou aux poils des animaux. Le second consiste à créer des systèmes compatibles et applicatifs aux vivants, comme par exemple la mesure du glucose pour la surveillance du diabète [ANDR 10]. C'est dans ce dernier axe que se situe mon projet de thèse en se focalisant sur l'interface homme-machine et plus particulièrement « neurone-composant ».

Dans ce chapitre, nous présentons différents systèmes ayant comme point commun d'être à l'interface entre l'homme et la machine ou d'être un dispositif électrique pouvant être interfacé avec le vivant. Après cet état de l'art, nous consacrons une partie à la description d'une des cellules du vivant qui a une activité électrique et qui peut être un point de connexion entre l'homme et la machine : le neurone. Pour conclure notre chapitre, nous présentons des dispositifs permettant la mesure de potentiels d'action, signal bioélectrique provenant des neurones.

I. L'interface homme-machine

Un des thèmes de la biotechnologie et plus particulièrement des biosystèmes, est l'interface homme-machine. Dans le futur, on souhaite associer à chaque partie du corps et à chaque organe, un système électrique d'aide ou de substitution. Il y a donc autant de sujets de recherche que de possibilités d'interaction. Pour illustrer l'interface homme-machine et apporter des éléments utiles au sujet, nous ne traiterons que de trois cas qui concernent les membres moteurs du corps humain, le sens du goût et celui de la vue.

1. Les membres « moteurs » du corps humain

Chez une personne paralysée, les muscles existent même si elle ne peut pas les contracter. Imaginons qu'un système intercepte les signaux, les transmette jusqu'à un stimulateur implanté sous la peau, dans les muscles paralysés qui ordonnerait à ceux-ci de bouger. C'est un des projets audacieux du Dr. J. P. Donoghue, du département de Neuroscience à l'université de Brown (USA). Actuellement un des leaders dans le domaine de

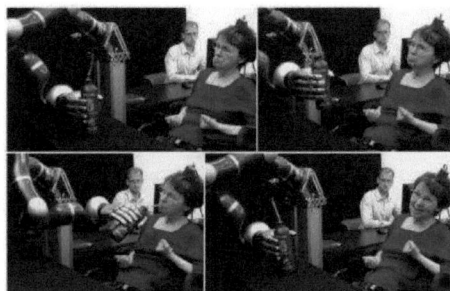

Figure 1.1 : Séquence d'images de l'expérience de contrôle d'un bras robotique dans le projet *BrainGate* [DONO 12]

l'interface entre le cerveau et l'ordinateur, il fait partie du projet *BrainGate* visant à donner plus d'autonomie aux personnes ayant un handicap moteur en leur permettant de contrôler un ordinateur par la seule force de leurs pensées. Pour cela, on implante au patient un capteur sur la zone du cerveau responsable de la fonction motrice. Le capteur intercepte les signaux électriques du cerveau et les transmet à un ordinateur qui interprète ces données. Matthew Nagle fut le premier humain à utiliser une interface neuronale directe pour restaurer des fonctionnalités altérées suite à une paralysie. Un lien placé à l'extérieur de son crâne permet de relier le dispositif à un ordinateur. L'ordinateur a alors été formaté pour identifier les modèles de pensée de Matthew Nagle et pour les associer aux mouvements qu'il essayait de réaliser [DONO 06]. Depuis, le projet BrainGate permet à un patient paralysé et implanté du nouveau capteur, de contrôler un bras robotisé (figure 1.1) [DONO 12].

Ces expériences montrent qu'il est déjà possible de pouvoir faire bouger des robots par la simple « force de la pensée ». Cependant, il y a encore des travaux à réaliser avant que ce bras robotique ne devienne une prothèse fixée à l'homme car cela induit l'étude de la biocompatibilité des matériaux. En effet, lorsque l'on interface du vivant avec des matériaux inorganiques, il est important que ces matériaux ne dégradent pas le milieu biologique dans lequel ils sont utilisés. Le titane par exemple est un des matériaux les plus biocompatibles, utilisé notamment pour des prothèses et implants osseux [ENAB 13]. Il est cependant possible d'utiliser des polymères biocompatibles comme le parylène [PROD 09], utilisé pour le pacemaker, pour enrober des parties non-biocompatibles. Il est donc très important dans les choix des matériaux et des polymères, de prendre en compte cet aspect de biocompatibilité.

2. Le goût

Le goût est un des cinq sens chez l'être humain, qui est une composition de saveurs, perçues par la langue, et d'odeurs, perçues par le nez. Nous n'aborderons ici que la langue. Celle-ci est composée de papilles gustatives qui permettent de reconnaitre les différentes saveurs : sucré, salé, amer, acide et umami. La langue se compose donc comme un réseau de différents capteurs. La société AlphaMOS développe, fabrique et commercialise des langues électroniques sur le marché international [WOER 11]. Ces langues électroniques utilisent des capteurs basés sur la technologie ChemFET (Chemical Field Effect Transistor) pour l'analyse d'échantillons liquides. En présence de composés dissous, une différence de potentiel est mesurée entre chacun des sept capteurs et l'électrode de référence. Chaque capteur comporte une membrane organique spécifique qui interagit différemment avec les composés chimiques ioniques et neutres présent dans l'échantillon liquide. Toute interaction à l'interface de la membrane est détectée par le capteur et convertie en signal électronique.

Pour bien comprendre le fonctionnement de ce type de capteur, il faut remonter jusqu'au transistor à effet de champ, *Field Effect Transistor* (FET) en anglais. Le premier brevet sur le transistor à effet de champ a été déposé en 1925 par Julius E. Lilienfeld. Comme rien ne fut publié sur cette invention, elle resta ignorée de l'industrie. Ce n'est qu'après la guerre que le transistor à effet de champ sera redécouvert en 1960, par D. Kahng et J. Atalla sous forme de MOSFET pour

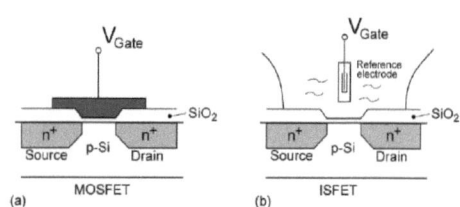

Figure 1.2 : Schéma de principe d'un MOSEFT (a) et d'un ISFET (b) [BERG 02]

Metal Oxyde Semi-conducteur FET. La particularité du FET est d'utiliser un champ électrique pour contrôler la forme et donc la conductivité d'un « canal » dans un matériau semi-conducteur. Dès lors, de nombreux composants basés sur la technologie FET sont apparus (MOSFET, JFET, EOSFET …) avec de nombreuses applications [MEYB 05 ; ROTH 11]. Dans les années 70, l'ère des capteurs chimiques portant le nom de ChemFET pour Chemical FET a commencé. L'idée d'utiliser le transistor MOS (figure 1.2 (a)) avec la grille métallique isolée comme un capteur chimique en milieu liquide (figure 1.2 (b)), a été proposée par P. Bergveld [BERG 02]. Actuellement, il existe différents types de ChemFETs comme les ISFETs pour Ion Sensitive FETs, EnFETs pour Enzyme FETs ou BioFETs pour Biological FETs. Les ISFETs permettent par exemple d'avoir une variation de signal électrique lorsqu'il y a une variation de pH. Il est possible de faire des ChemFETs sensibles à différents composés chimiques ioniques et par conséquent de faire des langues électroniques.

3. La vue

Un autre sens que la technologie peut également aider quand on le perd, est la vue. En effet, la vue est le sens qui permet d'observer et d'analyser l'environnement par la réception et l'interprétation des rayonnements lumineux. L'œil est l'organe de la vue, celui-ci est composé d'un globe oculaire qui possède une surface, qui capte la lumière et la transforme en influx nerveux, appelée rétine. Le nerf optique conduit ces informations jusqu'au lobe occipital du cerveau. Le projet *Artificial Vision System*, développé par le professeur Kenneth R. Smith Jr de l'université de St Louis (USA), s'emploie à redonner la vue à des personnes ayant eu le nerf optique sectionné. Pour se faire, il utilise une caméra qui envoie des signaux à des électrodes implantées dans l'aire du cerveau responsable de la vision, qui stimule des zones précises et qui crée des points lumineux permettant de voir légèrement les contours des objets.

Dans le cas où le patient a perdu la vue mais que le nerf optique n'est pas sectionné, il est également possible d'utiliser une rétine artificielle. L'équipe de Serge Picaud, de l'Institut de la Vision à Paris, avec laquelle nous avons collaboré, travaille sur des axes de recherche autour de la rétine comme l'intégration de l'information visuelle et mécanismes de dégénérescence [PICA 09], les prothèses rétiniennes et restauration d'une vision utile après dégénérescence des photorécepteurs [PICA 10] ou encore les mécanismes de dégénérescence et survie des cellules ganglionnaires dans le glaucome [PICA 11]. La rétine est composée de cellules sensibles à la lumière, les photorécepteurs, et d'un réseau de neurones. Les premières transforment les signaux lumineux en

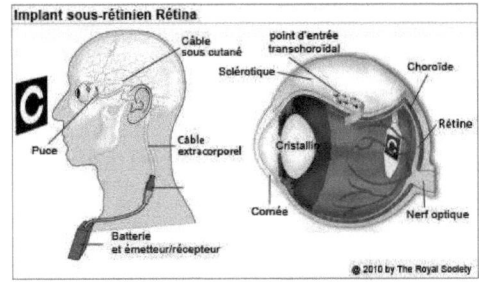

Figure 1.3 : Image de la rétine artificielle sur l'homme [INSE 11]

signaux électriques et stimulent des neurones, notamment les cellules ganglionnaires, qui acheminent les messages jusqu'au cerveau via le nerf optique. La défaillance des photorécepteurs altère la vue et peut conduire à la cécité. La rétine artificielle se substitue à ces cellules pour stimuler les neurones résiduels de la rétine et rendre en partie la vue à ces personnes. Il s'agit notamment d'un implant de 3x3 mm fixé sur ou sous la rétine et composé d'électrodes qui stimulent les neurones rétiniens (figure 1.3). Les premiers essais ont débuté dans les années 1990 avec des dispositifs incluant 16 à 20 électrodes. Ils en comportent actuellement jusqu'à 1 500 et permettent aux différents patients de se déplacer seuls, repérer une porte ou une fenêtre dans une pièce, visualiser des passages cloutés ou encore suivre une ligne sur le sol. Et parmi eux, certains parviennent à lire, sur un écran d'ordinateur, des mots à gros caractères blancs sur fond noir, voire lire de courtes phrases.

II. Les neurones

Nous venons de voir un certain nombre d'applications réalisées ou en cours d'études en relation avec le thème de l'interface homme-machine. L'objectif de toutes ces prothèses serait à long terme d'être intégrées dans le corps et être reliées au cerveau pour y transmettre en temps réel, les différentes informations. Pour rappel, le cerveau est le principal organe du système nerveux et régule les autres systèmes d'organes du corps, en agissant sur les muscles ou les glandes, et constitue le siège des fonctions cognitives. Il comporte ainsi une structure extrêmement complexe qui peut renfermer jusqu'à plusieurs milliards de neurones connectés les uns aux autres. Malgré de grandes avancées en neurosciences, le fonctionnement du cerveau est encore mal connu. Cependant, il est démontré que les neurones sont les cellules cérébrales qui communiquent entre elles et qui font parties intégrantes du cerveau. En ayant des liens affinitaires avec ces cellules, nous aurions un moyen de communiquer avec les différentes parties du cerveau. Il est donc important de définir le vocabulaire du neurone.

1. La morphologie

Un certain lexique relatif aux neurones va être utilisé par la suite, il est donc nécessaire d'en faire un bref rappel. Le neurone est une cellule composée d'un corps appelé corps cellulaire ou encore soma, et de deux types de prolongements (figure 1.4) : l'axone, unique, qui conduit le potentiel d'action que nous souhaitons mesurer dans nos travaux, et les dendrites. La morphologie, la localisation et le nombre de ces prolongements, ainsi que la forme du soma, varient. Le diamètre du corps des neurones varie selon leur type, de 5μm pour les neurones de la rétine, à 120μm pour les neurones les plus gros du cerveau. L'axone a un diamètre compris entre 1 et 15μm, sa longueur varie de quelques micromètres à plus d'un mètre. Il est également appelé zone gâchette car il participe à la genèse du potentiel d'action. Le recouvrement de l'axone par la myéline permet une plus grande vitesse de passage de l'information nerveuse. Dans notre cas, les neurones ne disposent pas de myéline. Les dendrites sont nombreuses, courtes et très ramifiées dès leur origine. Contrairement à l'axone, elles ne contiennent pas de microvésicules permettant la transmission de l'information à l'extérieur du neurone. La dendrite conduit l'influx nerveux, induit à son extrémité, jusqu'au corps cellulaire. Dans notre cas, nous ne faisons pas la différence entre l'axone et les dendrites. Nous appelons donc l'ensemble des prolongements, des neurites. Les neurites s'interconnectent entre elles et sur les autres neurones à l'aide de synapses.

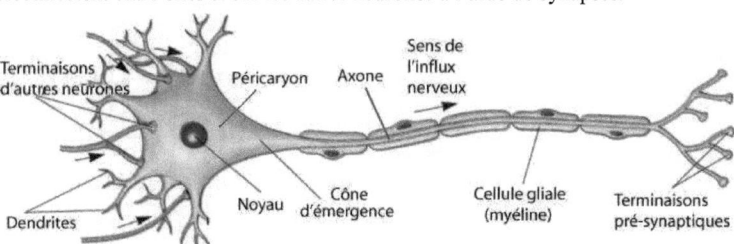

Figure 1.4 : Schéma d'un neurone [HARV 05]

2. Le potentiel d'action

La découverte du mécanisme du potentiel d'action date de 1952 et est l'exploit de Hodgkin, Huxley et Katz. Dans cinq articles scientifiques [HODG 52a-e], les trois auteurs ont présenté leur étude électro physiologique de l'axone géant du calmar. Hodgkin et Huxley se sont vus décerner le prix Nobel pour cette formidable découverte. L'idée que les pores laissant passer les ions sont en fait des protéines date des années 70 et a pu être possible grace à la découverte de drogues bloquant les canaux ioniques au sodium et au potassium impliqués dans le potentiel d'action. Le potentiel d'action, autrefois et encore parfois appelé influx nerveux, est un signal « bioélectrique », correspondant à une dépolarisation transitoire, locale, brève et stéréotypée de la membrane plasmique des neurones, selon une loi du tout ou rien (figure 1.5). La différence de concentration ionique résultante, majoritairement d'ions potassium (K^+) et sodium (Na^+), détermine la valeur locale du potentiel transmembranaire. Ce signal est la signature du neurone et est différente selon le type de neurones. Le potentiel d'action présenté par la suite est la signature d'un type de neurone. Au repos, il existe un potentiel transmembranaire d'environ -70 mV : c'est le potentiel de repos (1). Le potentiel d'action est ensuite constitué d'une succession d'événements :
- une dépolarisation transitoire (2), d'une amplitude spécifique de +100 mV, le potentiel de la membrane interne passant de -70 à +30 mV (3),
- une repolarisation (4) de la membrane interne dont le potentiel repasse à -70 mV,
- une hyperpolarisation (5), pour les cellules non myélinisées, où le potentiel diminue plus qu'à l'état basal (-80 mV), pour ensuite retourner à -70 mV. Durant ce temps on ne peut plus induire d'autres potentiels d'action, c'est la période réfractaire. Le potentiel d'action dure entre 2 et 3 millisecondes. C'est ce potentiel que nous souhaitons mesurer dans nos travaux.

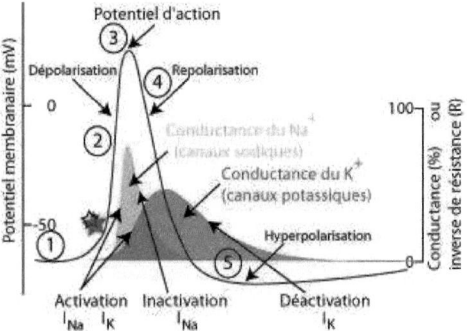

Figure 1.5 : Illustration d'un potentiel d'action [HARV 05]

3. Les canaux ioniques

Pour comprendre comment créer ce potentiel d'action, il faut comprendre le principe des canaux ioniques. Ceux-ci sont des protéines membranaires qui permettent le passage d'un ou plusieurs ions à travers la membrane cellulaire. Il existe de nombreux types de canaux ioniques. Ils peuvent être sélectivement perméables à un ion tel que le sodium, le calcium, le potassium (figure 1.6) ou le chlorure, ou bien à plusieurs ions à la fois. Les canaux sont impliqués dans de nombreux phénomènes cellulaires. Ils sont responsables d'une propriété universelle aux membranes cellulaires : l'existence

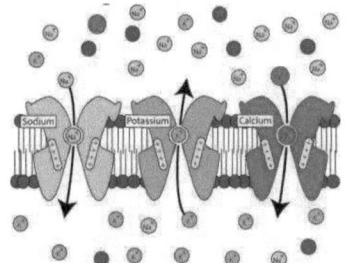

Figure 1.6 : Illustration d'un potentiel d'action [HARV 05]

d'un potentiel transmembranaire. Ils participent aussi au phénomène d'excitabilité cellulaire. Les dépolarisations et mouvements ioniques qu'ils provoquent assurent des phénomènes tels que l'initiation et la propagation du potentiel d'action.

Bien d'autres paramètres complexes entrent en jeu dans l'initiation et la propagation du potentiel d'action. Cependant, pour ne pas nous éloigner du sujet, nous ne présenterons pas toutes les familles et sous familles de canaux ioniques. On doit savoir que certains types de canaux ioniques utiles pour les neurones appartiennent à la famille des récepteurs-canaux. Ils comportent tous une protéine transmembranaire composée de sous-unités qui délimitent un canal ionique central dont l'ouverture dépend directement du ligand: acétylcholine, GABA, glycine, glutamate, etc. De cette famille, nous nous intéressons particulièrement aux récepteurs GABA de type A, aussi appelé $GABA_A$. Pour ne pas rentrer dans les détails, il existe des inhibiteurs qui ouvrent et ferment ce type de canaux ioniques. La fermeture de ces canaux revient donc à une augmentation de l'activité électrique du neurone, tandis que l'ouverture sert à contrebalancer les effets excitateurs du glutamate.

III. Les systèmes de mesure de potentiels d'actions

Avant de vouloir « communiquer » avec le cerveau, il faut d'abord pouvoir recueillir les informations provenant de celui-ci. Pour cela, il faut pouvoir observer le potentiel d'action, signature bioélectrique du neurone. Pour ce faire, il existe déjà plusieurs méthodes avec leurs avantages, leurs inconvénients et leurs spécificités. Certaines sont commercialisées comme les Microelectrodes Arrays (MEAs) tandis que d'autres sont encore à l'essai voir juste à l'étude.

1. Les MEAs et les électrodes

Les MultiElectrodes Arrays ou MicroElectrodes Arrays (MEAs) sont des dispositifs contenant un grand nombre d'électrodes qui mesurent l'activité neuronale obtenue ou délivrée par le neurone et qui servent principalement à connecter les neurones à un circuit électrique. Il s'agit le plus souvent de dispositifs commerciaux, vendus par Multichannel Systems par exemple. On fait souvent l'amalgame entre les MEAs et tout le dispositif permettant la mesure et qui comprend des MEAs, mais aussi des capteurs, des amplificateurs et des cartes d'acquisitions. Par abus de langage, nous parlerons à la fois des électrodes et du dispositif

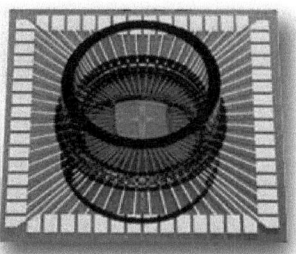

Figure 1.7 : Photo d'un MEA non-implantable

associé. Il existe deux classes de MEAs : les non-implantables (figure 1.7), utilisées *in vitro*, et les implantables (figure 1.8), utilisées *in vivo*. Les MEAs non-implantables standard sont composées de 8x8 ou 6x10 électrodes. Elles sont généralement fabriquées en titane et ont un diamètre compris entre 10 et 30µm. Ce type de MEA n'est utilisé normalement que pour une seule culture cellulaire. Les neurones créent, comme vu précédemment, un courant d'ions à travers leurs membranes quand ils sont excités, ce qui provoque un changement de voltage entre l'intérieur et l'extérieur de la cellule. Les MEAs traduisent ce changement de potentiel de l'environnement par un courant électrique. On a alors une image électrique du signal bioélectrique. A l'inverse, si on fait passer un courant électrique à travers le MEA et un

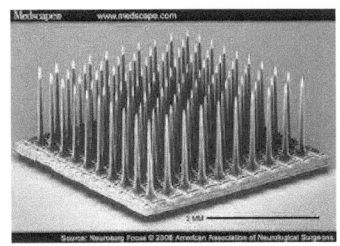

Figure 1.8 : Photo d'un MEA implantable

neurone, ce dernier le transforme en courant d'ions à travers sa membrane, ce qui déclenche un potentiel d'action. On peut alors obtenir une mesure de très faible variation qui est ensuite amplifiée et affichée sur l'ordinateur. Pour obtenir la meilleure mesure, les cellules doivent être en contact avec les électrodes. Pour cela, certains expérimentateurs ont tout simplement appliqué une pression sur la cellule pour que celle-ci soit en contact avec l'électrode [BOVE 06]. D'autres ont utilisé un matériau d'interface comme par exemple les nanotubes de carbone [YU 07; GABA 07] ou en modifiant la structure des électrodes à l'aide de nano-piliers d'or [BRUG 11] ou de nano-cavités [HOFM 11].

Il existe trois types de MEAs implantables : les MEAs avec micro-fils, celles à base de silicium et les MEAs flexibles. Les MEAs avec micro-fils sont des électrodes style aiguille, fabriquées soit en acier soit en tungstène et qui permettent de mesurer l'activité d'un neurone par triangulation [PRAS 12]. Les MEAs à base de silicium sont des électrodes de style aiguille et permettent une grande densité de capteurs, de 4 [HAN 12] à 100 (figure 1.8). Contrairement aux MEAs avec micro-fils, les MEAs à base de silicium permettent de faire une mesure en profondeur. Il peut y avoir des mesures sur l'extrémité de l'aiguille ou sur l'ensemble de son corps selon le type. Pour finir, les MEAs flexibles à base de polyimide [BAEK 12], de parylène [LESC 12] ou de benzocyclobutène [LEE 05], permettent une mesure en surface. L'avantage par rapport aux réseaux de microélectrodes rigides est qu'elles fournissent une correspondance mécanique plus étroite avec le cerveau ce qui permet d'épouser les formes de celui-ci. J.A. Rogers et son équipe ont publié en 2010, un article [ROGE 10] sur un type de MEA positionné sur un tissu en soie, qui

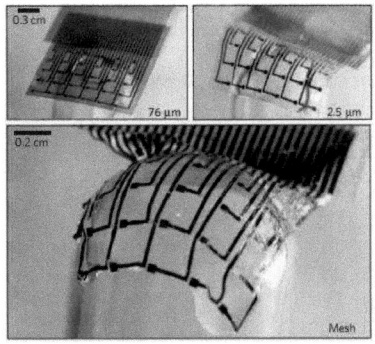

Figure 1.9 : Photo d'un MEA flexible [ROGE 10]

a la propriété de se dissoudre sur le cerveau, sans léser celui-ci (figure 1.9).

Les MEAs non-implantables sont très utilisées en pharmacologie sur des cultures neuronales dissociées, notamment pour des études avec l'éthanol (pour l'alcoolémie) [XIA 03]. Divers travaux ont été réalisés à l'aide de MEAs et de tissus cérébraux comme des tests de sensibilité à la neuromodulation [EYTA 04; TATE 05] et la cinétique de l'apprentissage à l'aide de régimes en boucle fermée [SHAH 01; STEG 09]. Enfin, l'association de systèmes MEAs avec la microscopie confocale permet d'étudier les relations entre l'activité électrique et la reconstruction des réseaux neuronaux [MINE 09]. Les MEAs implantables sont plus particulièrement utilisées comme stimulateurs cérébraux profonds pour traiter des troubles du mouvement tels que la maladie de Parkinson [BREI 04]. Des essais cliniques utilisant ce style de MEAs ont même été réalisés dans le projet intitulé *BrainGate* (déjà vu précédemment), pour permettre l'interaction entre le cerveau et des prothèses [WARW 03].

2. Les capteurs à base de transistors

Dans ce paragraphe, nous présentons les capteurs à base de transistors destinés à la mesure de potentiels d'action. Nous présenterons en premier lieu les travaux de P. Fromherz et al, puis dans un second temps ceux d'autres équipes dont celle de C.M. Lieber qui présentent des résultats intéressants pour nos travaux.

a) Les Travaux de P. Fromherz et al :

Le professeur Peter Fromherz, de l'Institut Max Planck de Munich en Allemagne, est l'un des pionniers en matière d'interface neurone sur puce. En effet, il est le premier à avoir eu l'idée de fusionner des cellules nerveuses avec une puce électronique [FROM 85] et d'en valider le concept [FROM 91]. Il a toujours été un leader dans ce domaine jusqu'en 2011 où il a pris sa retraite. Cette partie est donc dédiée aux travaux de P. Fromherz et al qui ont largement inspiré ce projet de thèse.

Entre 1991 et 2001, P. Fromherz et al travaillèrent le concept de stimulation électrique de neurones [FROM 95] sur des composants électriques permettant de mesurer l'activité électrique de ceux-ci. En 2001, ils mesurent, à l'aide de leurs capteurs (figure 1.10 (a)) des

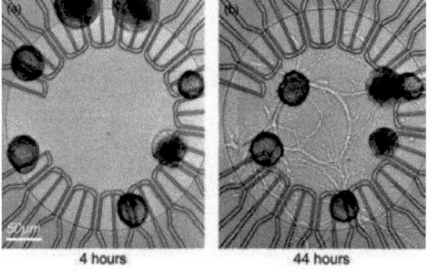

Figure 1.10 : Photo de neurones sur transistors MOS après 4h et 44h de culture [FROM 01a]

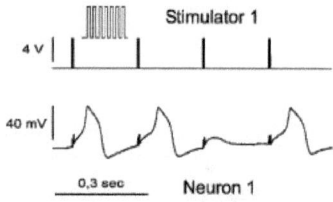

Figure 1.11 : Signaux électriques de simulation et d'enregistrement de potentiel d'action [FROM 01b]

potentiels d'actions provenant de neurones prélevés sur des escargots d'eau, de l'espèce des Lymnaea Stagnalis [FROM 01a]. Les mesures sont obtenues après une stimulation électrique de sept pulsations d'amplitude de 5V et de 0,5ms de durée [FROM 01b]. Une des mesures montrant la forme du potentiel obtenu d'environ 70mV, est illustrée figure 1.11. Ils observent au même moment que les neurones, lors de la croissance et du développement de leurs neurites, se déplacent sur le substrat (figure 1.10 (b)). Pour déposer un neurone à un endroit précis, une grille de transistor dans ce cas-là, P. Fromherz et al prélevaient une petite quantité de cellules sur une zone bien précise du système cérébral de l'escargot et venaient les déposer une à une, aux endroits désirés à l'aide d'une micropipette. De cette manière, ils étaient certains d'avoir des neurones produisant des potentiels d'action sur les zones sensibles (transistors) de la puce.

En utilisant un autre design et un autre type de transistor, Electrolyte Oxyde Semiconducteur (EOS), ils ont créé une puce comportant plusieurs transistors en série qu'ils ont nommée Multi Transistor Array (MTA) en référence et comparaison aux MEAs sur lesquelles, ils ont également réussi à faire développer des cellules neuronales (figure 1.12) [FROM 05]. Ils ont également démontré lors de ces tests, que le soma des neurones n'était pas en contact direct avec le substrat mais qu'il y avait un espace (*Cleft* dans le texte) d'une vingtaine de nanomètres entre les deux qui altérait la qualité de la mesure. En 2004, ils mesuraient le potentiel d'action des synapses entre deux neurones cote à côte à l'aide de transistors en technologie CMOS [FROM 04a]. La même année, ils allaient élaborer un MTA de transistors MOS, comportant 16384 capteurs sur une puce de 1mm^2 sur laquelle ils avaient mis en culture des neurones (figure 1.13) [FROM 04b]. Deux ans plus tard, P. Fromherz et al reproduisaient l'expérience avec une tranche d'hippocampe de cerveau de rat et mesuraient le champ électrique émanant de celui-ci, permettant de cartographier électriquement, l'activité électrique de celui-ci (figure 1.14) [FROM 06a].

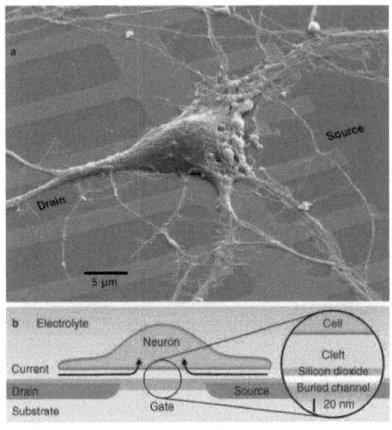

Figure 1.12 : Photo colorée d'un neurone sur transistors MOS [FROM 05]

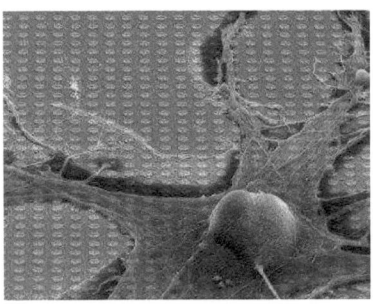

Figure 1.13 : Photo d'un neurone sur un réseau de transistors MOS [FROM 04b]

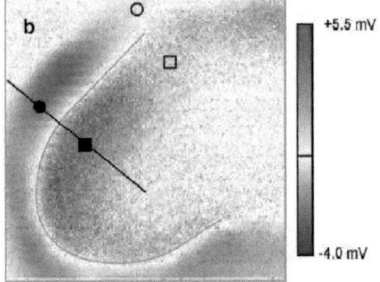

Figure 1.14 : Image du champ électrique mesuré d'un morceau de cerveau de rat [FROM 06a]

D'autres travaux de P. Fromherz et al sont cités dans ce mémoire comme référence.

b) C.M. Lieber et d'autres équipes :

Depuis que P. Fromherz et al ont validé le concept et montré l'intérêt d'interfacer des neurones avec des composants électroniques, d'autres équipes ont travaillé sur ce sujet. Une des équipes-phares qui a publié en parallèle de celle de P. Fromherz, est celle de C.M. Lieber, à l'Université de Harvard. En effet, en 2006, C.M. Lieber et al présentent leurs travaux sur la mesure et l'enregistrement de signaux provenant d'axones de neurones à l'aide transistors à effet de champ à base de nanofil en silicium (SiNWFET). Une partie de ces travaux est illustrée figure 1.15.

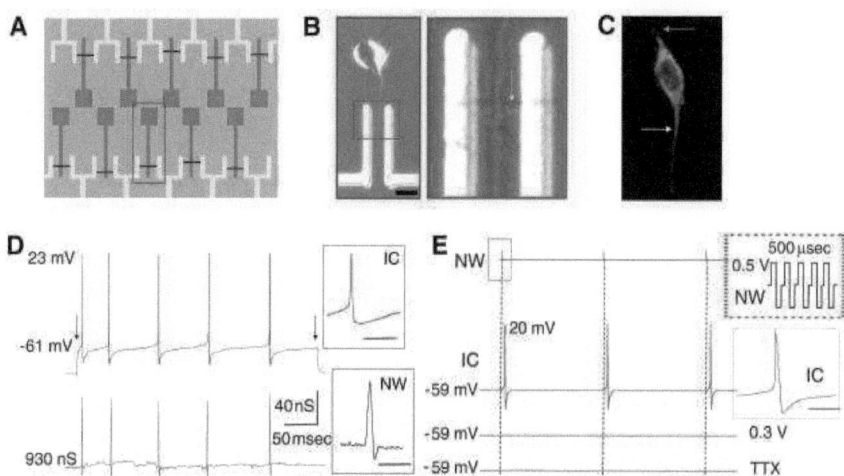

Figure 1.15 : Différents résultats sur la mesure du potentiel d'action à travers l'axone à l'aide de transistor à base de nanofil [LIEB 06]

L'image A est un schéma du montage de l'expérience avec en vert le neurone d'hippocampe de rat et son axone qui sont repris en photo de microscope sur l'image B et en fluorescence sur l'image C. Les courbes de l'image D nous montrent respectivement la mesure du potentiel intracellulaire (IC) réalisée à l'aide de la technique du *patch clamp* (voir paragraphe consacré) et le potentiel d'action à travers l'axone mesuré par le transistor à nanofil. L'image E montre les résultats d'une simulation de l'axone par le transistor à nanofil et le potentiel intracellulaire qui en résulte. En 2010, C.M. Lieber et al présentent leurs travaux sur un nouveau style de sonde à base de nanotransistors à effet de champ (NanoFET) (figure 1.16 A et B) permettant de venir mesurer l'activité électrique intracellulaire en pénétrant dans la cellule de façon non intrusive et d'en ressortir sans détériorer la membrane cellulaire (figure 1.16 C) [LIEB 10]. Avec cette méthode, il est donc possible de pouvoir avoir la meilleure mesure de l'activité électrique, mesure intracellulaire, sans venir contraindre ou abimer la membrane de la cellule.

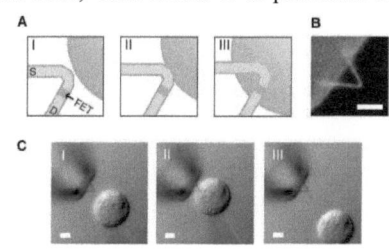

Figure 1.16 : Images du système de sonde à base de NanoFET [LIEB 10]

Bien d'autres équipes ont travaillé sur l'interface neurones et puces électroniques. On peut noter par ordre chronologie, les travaux de M.E. Spira et al qui ont également utilisé des transistors à effet de champ pour mesurer les potentiels d'action de neurones d'escargot de l'espèce des *Aplysias* [SPIR 06], confortant les résultats de P. Fromherz et al. Egalement intéressant, les travaux portés sur les électrodes verticales qui permettent de sonder la surface du neurone malgré le fait qu'il ne soit pas en contact avec le substrat [KAWA 10] et les travaux de A. Hierlemann et al sur les réseaux de CMOS façon MEA pour la mesure de l'activité neuronale (voir paragraphe suivant) [HIER 10]. Pour terminer ce paragraphe, nous tenons à citer les travaux qui montraient le principe des transistors à effet de champ dédiés à la mesure cellulaire et qui avait nommée CellFET [POGH 2009], car ils nous ont orientés dans le choix du capteur.

3. Les neuropuces

Après avoir présenté les MEAs, les électrodes et les capteurs à base transistors, nous allons introduire les neuropuces. Il s'agit là plus d'une forme dérivée des systèmes précédents qu'une méthode à part entière mais il est intéressant de les présenter également. En effet, les neuropuces sont des systèmes qui permettent de faire la culture neuronale directement sur les capteurs ou les électrodes. Le MEA de la figure 1.7 par exemple est considérée comme une neuropuce en cas de culture neuronale sur sa surface. Nous allons présenter trois neuropuces de trois équipes différentes. La première est la neuropuce de l'équipe de P. Fromherz (figure 1.17) qui a eu l'idée de faire un support avec une puce dédiée à la mesure de l'activité

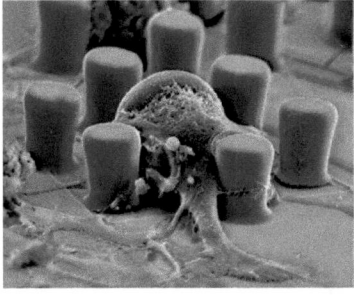

Figure 1.17 : Photo d'une neuropuce sur son support [FROM 01a]

Figure 1.18 : Photo de pilier immobilisant le neurone sur la neuropuce [FROM 01a]

électrique des neurones. Comme nous venons de le voir au paragraphe précédent, P. Fromherz et al ont démontré que les neurones, lors de la croissance et du développement des neurites, se déplaçaient sur le substrat [FROM 01a]. Pour pallier ce problème, ils ont créé des piliers (figure 1.18) permettant d'immobiliser un neurone à un endroit donné [FROM 01b]. Grâce à cette structure, ils ont pu positionner des neurones sur des capteurs à base de FET. La zone sensible de cette neuropuce fait 1 mm^2 et dispose d'une matrice de 128x128 transistors. Grâce à cette neuropuce, P. Fromherz et al ont pu observer l'activité électrique des neurones mais aussi d'une tranche d'hippocampe de cerveau de rat [FROM 06a]. L'équipe de J. Pine s'est inspirée des piliers de P. Fromherz pour créer des cages à neurones [PINE 03 ; PINE 08] permettant d'isoler non pas un neurone sur une grille de transistors mais sur une électrode (figure 1.20). La neuropuce de J. Pine et al, illustrée figure 1.19, possédait une zone sensible composée de seize électrodes [PINE 08] comparables à celles d'un MEA. On retrouve sur le support, une zone dédiée à la culture des neurones, en contact avec la zone sensible mais isolée de l'électronique associée. Grâce à cette neuropuce, ces auteurs ont pu à la fois mesurer la réponse des neurones à des stimulations électriques mais également observer le développement des neurites lors de la croissance neuronale et ainsi créer des réseaux de neurones.

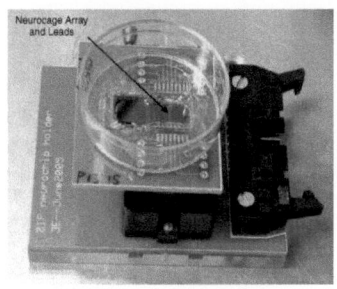 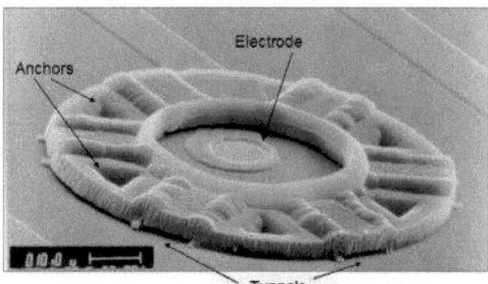

Figure 1.19 : Photo d'une neuropuce et son électronique de tête associée [PINE 08]

Figure 1.20 : Photo d'une cage à neurones présente sur la neuropuce [PINE 08]

Pour finir, nous présentons la neuropuce de A. Hierlemann et al (figure 1.21) [HIER 11]. Bien que notre neuropuce ressemble à celle-ci au niveau du design (support PCB et petit cône de culture), nous ne nous sommes pas inspiré de ce design. Cependant, cette neuropuce présente les avantages que nous recherchions, c'est-à-dire la facilité de transport, la biocompatibilité du support, l'utilisation en série et la facilité à faire une culture neuronale sur la neuropuce. La zone sensible de la neuropuce de A. Hierlemann et al est basée sur la technologie MEA et dispose de 128 électrodes. Les montages d'amplifications et de filtrages des signaux ainsi que le contrôle digital de la puce sont directement intégré sur le support. De cette manière, ces auteurs ont pu établir une cartographie de l'activité électrique des neurones de la tranche de cerveau (figure 1.22) [HIER 11 ; HIER 12]

 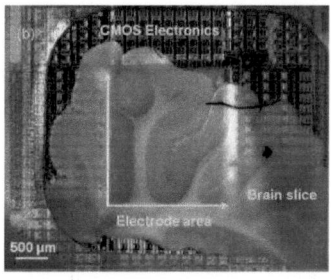

Figure 1.21 : Photo d'une neuropuce avec son support [HIER 11]

Figure 1.22 : Photo d'une tranche de cerveau de rat sur la zone sensible d'une neuropuce [HIER 11]

Il existe bien d'autres neuropuces que nous ne présenterons pas mais qui nous ont inspiré pour notre neuropuce, comme celle de l'équipe de K. Sawada [SAWA 11] ou bien celle de Rothberg [ROTH 11].

4. Le *Patch-clamp*

La dernière méthode que nous présentons, n'est pas une méthode spécifique aux neurones car elle est adaptée à un grand nombre de familles de cellules. En effet, le *patch-*

clamp est un terme anglais désignant une technique électro physiologique d'enregistrement des courants ioniques transitant à travers les membranes cellulaires. Cette technique consiste à mettre en continuité électrique une micro-pipette en verre (diamètre de contact de l'ordre de 1 µm) remplie d'une solution ionique de composition définie avec la membrane d'une cellule vivante isolée. Les cellules étudiées peuvent être les cellules excitables comme les neurones dans notre cas, les fibres musculaires et les cellules bêta du pancréas. Les cellules non excitables présentent aussi à leur surface des canaux ioniques qui peuvent être étudiés à l'aide de cette technique [PENN 89, STUH 91, ASEY 13]. Il est enfin possible d'étudier tout canal ionique en apportant par la technique de transformation un petit brin d'ADN codant le canal ionique d'intérêt dans une cellule où il n'est pas exprimé [CHEN 05]. Cette technique permet d'étudier les mécanismes de fonctionnement des canaux ioniques d'une cellule prise individuellement en permettant le suivi en direct des phénomènes d'ouverture des canaux. Cette méthode, découverte par les biologistes dans les années 50 et qui fut très nettement améliorée par Erwin Neher et Bert Sakmann à Götingen en 1976 [NEHE 76], ce qui leur valut le prix Nobel de physiologie et médecine en 1991, est aujourd'hui très utilisée.

En appliquant une pipette de *patch-clamp* à la surface d'une cellule, préalablement nettoyée avec des enzymes, puis en aspirant doucement, on crée une résistance de plusieurs giga-ohms, entre un petit fragment de membrane plasmique, avec les canaux ioniques qu'il contient, et le reste de la cellule (figure 1.23 (a)). On peut ensuite stimuler le fragment isolé à travers la pipette, et mesurer l'effet produit sur les canaux de ce fragment. On peut aussi détacher le fragment de membrane du reste de la cellule, afin d'exposer la face cytoplasmique des canaux (figure 1.23 (b)). Enfin, quand on parvient à détacher le fragment de membrane sans diminuer la résistance (figure 1.23 (c)), on peut modifier la composition cytoplasmique des cellules vivantes. Quand on se trouve dans la configuration (a), il est alors possible de mesurer les courants d'ions qui traversent les canaux.

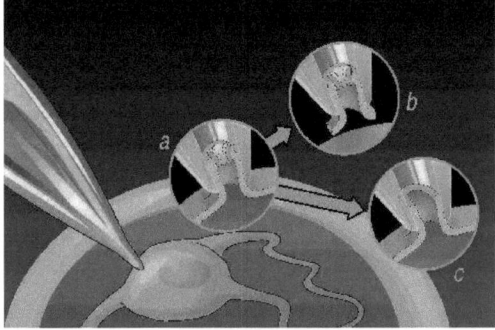

Figure 1.23 : Illustration de la méthode du patch clamp [IPMC 04]

Comme nous venons de le voir, cette technique s'applique à toutes les cellules, y compris aux neurones. Rien que pour l'étude des neurones et sur l'année 2012, les applications sont multiples comme l'observation de communication entre neurones [HENN 12] ou la variation des différents ions nécessaires pour créer le potentiel d'action comme le Na+ [UEBA 12], le K+ [NGUY 12] ou Ca2+ [SIBA 12]. Pour finir, on voit l'utilité de pouvoir mesurer ce potentiel d'action, à l'aide du *patch-clamp* dans ce cas-là, pour voir l'évolution de l'activité électrique d'un nouveau-né marmoset [YAMA 12], ou bien comprendre les mécanismes de vieillissement des neurones hippocampaux [RAND 12].

L'équipe de P. Fromherz a également combiné cette méthode avec des FETs pour observer la tension intracellulaire du neurone en appliquant un courant modulé en fréquence [FROM 96] ou encore pour étudier les propriétés extracellulaires de la cellule en étudiant les canaux ioniques de sodium [FROM 06]. A partir de ces travaux, il a élaboré des modèles électriques (figure 1.24) du neurone sur puce tout en prenant en compte le fait que les neurones ne soient pas en contact direct [FROM 05], comme dans le cas des MEAs, mais qu'il y avait un espace entre la puce et le neurone qui diminuait l'amplitude des signaux.

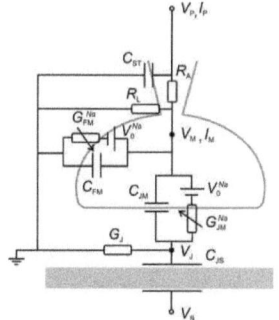

Figure 1.24 : Modèle électrique d'un neurone sur puce [FROM 06b]

Nos choix par rapport à l'état de l'art et conclusion

A travers cet état de l'art, nous avons voulu montrer les différents problèmes, les enjeux et les méthodes que pouvait entrainer le fait d'interfacer le vivant avec l'électronique. Nous avons également présenté la partie du vivant qui nous intéresse particulièrement dans ce projet, le neurone, ainsi que le fonctionnement de son activité électrique. Nous avons ensuite présenté différentes méthodes de mesure de l'activité électrique du neurone. A partir de là, nous avons fait le choix de ne pas mesurer un courant ionique mais une différence de potentiel entre deux électrodes. Cela nous permet de nous affranchir du problème de mesure dû à l'espace entre le neurone et la puce électronique. Nous avons fait le choix d'utiliser des FETs pour mesurer les potentiels d'actions des neurones. Ce choix est venu naturellement car nous voulions orienter la croissance des neurites pour faire un réseau de neurones et le choix de la fonctionnalisation n'était pas compatible avec le *patch-clamp* et les MEAs demandaient un matériel adapté très cher. De plus, comme le soulignait P. Fromherz dans son article de revue intitulé "Neuroelectronic Interfaces: Semiconductor Chips with Ion channels, Nerve Cells, and Brain" , les composants semi-conducteurs présentent trois qualités : premièrement, avec une fine couche d'oxyde thermique de silicium (10-1000nm d'épaisseur), le silicium est un substrat parfaitement inerte pour la culture neuronale ; deuxièmement, ce même oxyde de silicium supprime le transfert d'électrons et les processus électrochimiques concomitants qui mènent à une corrosion de silicium et aux dégâts des cellules . Troisièmement, il est établi que la technologie semi-conducteur permet une fabrication collective de composants micro et nano électroniques qui peuvent être mis en contact direct avec les cellules (protégées par une couche d'oxyde inerte). Pour finir, nous avons choisi de nous orienter vers une configuration de type neuropuce afin de pouvoir procéder à des tests en série (en régénérant la surface des puces entre chaque culture neuronale réalisée sur sa surface).

Références:

[ANDR 10] N. Andreu, J. More, G. Janvier, J. Calderon, X. Roques, P. Derache and B. Catargi, Diabetes & Metabolism, Vol. 36, n°1, pp. 50 (2010).

[ASEY 13] N. Aseyev, M. Roshchin, V.N. Ierusalimsky, P.M. Balaban and E.S. Nikitin, *Journal of Neuroscience Methods*, vol. 212, n°1, pp. 17-27, (2013).

[BAEK 12] D-H. Baek, C-H. Han, H-C. Jung, S.M. Kim, C-H. Im, H-J. Oh, J.J. Pak and S-H. Lee, *Journal of Micromechanic and Microengineering*, Vol. 22, 115017 (2012).

[BERG 02] P. Bergveld, *Sensors and Actuators*, Vol. 28, pp. 1-20 (2002).

[BOVE 06] K-H. Boven, M. Fejtl, A. Möller, W. Nisch and A. Stett, *Advances in Network Electrophysiology Using Multi Electrode Arrays*, pp.24-37 (2006).

[BREI 04] S. Breit, J.B. Schulz and A.L. Benabid, *Cell Tissue Research*, Vol. 318, pp. 275-288 (2004).

[BRUG 11] D. Brüggemann, B. Wolfrum, V. Maybeck, Y. Mourzina, M. Jausen and A. Offenhäusser, *Nanotechnology*, Vol. 22, n°26, 265104 (2011).

[CHEN 05] C.Y. Chen and A.C. Bonham, *Journal of Physiology*, Vol. 562, n°2, pp. 535-551 (2005).

[DONO 06] L.R. Hochberg, M.D. Serruya, G.M.,Friehs, J.A. Mukand, M. Saleh , A.H. Caplan, A. Branner, D. Chen, R.D. Penn and J.P. Donoghue, *Nature*, Vol. 442, pp. 164-171 (2006).

[DONO 12] L.R. Hochberg, D. Bacher, B. Jarosiewicz, N.Y. Masse, J.D. Simeral, J. Vogel, S. Haddadin, J. Liu, S.S. Cash, P. Van Der Smagt and J.P. Donoghue, *Nature*, Vol. 485, pp. 372-375 (2012).

[EDWA 89] F.A. Edwards, A. Konnerth, B. Sakmann and T. Takahashi, *European Journal of Physiology*, vol. 414, n° 5, pp. 600-612 (1989).

[ENAB 13] T.A. Enab and N.E. Bondok, *Materials and Design*, Vol.44, pp. 454-460 (2013).

[EYTA 04] D. Eytan, N. Brenner and S. Marom, *Journal of Neurophysiology*, Vol. 92, pp. 1817-1824 (2004).

[FROM 85] P. Fromherz, 20th Winterseminar "Molecules, Memory and Information", Klosters (1985).

[FROM 91] P. Fromherz, A. Offenhäusser, T. Vetter, J. Weis, *Science* **252**, 1290 (1991).

[FROM 95] P. Fromherz and A. Stett, Physical Review Letters, Vol. 75, n°8, pp. 1670-1673 (1995)

[FROM 96] P. Fromherz, *Physical Chemistry Chemical Physics*, Vol. 100, n°7, pp.1093-1102 (1996).

[FROM 01a] M. Jenkner, B. Müller and P. Fromhez, *Biological Cybernetics*, Vol. 84, pp. 239-249 (2001).

[FROM 01b] G. Zeck and P. Fromherz, *Proceedings of the National Academy of Sciences of United States of America*, Vol. 98, n°18, pp. 10457-10462 (2001).

[FROM 04a] R.A. Kaul, N.I. Syed and P. Fromherz, *Physical Review Letters*, Vol. 92, n°3, 038102 (2004)

[FROM 04b] A. Lambacher, M. Jenkner, M. Merz, B. Eversmann, R.A. Kaul, F. Hofmann, R. Thewes and P. Fromherz, *Applied Physics A*, Vol. 79, pp. 1607-1611 (2004)

[FROM 05] M. Voelker and P. Fromherz, *Small*, Vol. 1, n°2, pp. 206-210 (2005)

[FROM 06a] M. Huztler, A. Lambacher, B. Eversmann, M. Jenkner, R. Thewes and P. Fromherz, *Journal of Neurophysiology*, Vol. 96, pp. 1638-1645 (2006).

[FROM 06b] P. Fromherz and M. Schmidtner, *Biophysical Journal*, Vol. 90, n°1, pp.183-189 (2006).

[GABA 07] T. Gabay, M. Ben-David, I. kalifa, R. Sorkin, Z.R. Abrams, E. Ben-Jacob and Y. Hanein, *Nanotechnology*, Vol. 18, n°3, 035201 (2007).

[HAMI 81] O.P. Hamil, A. Marty, E. Neher, B. Sakmann and EJ. Sigworth, *European Journal of Physiology*, vol. 391, n° 2, pp. 85-100 (1981).

[HAN 12] M. Han, P.S. Manoonkitiwongsa, C.X. Wang and D.B. McCreery, *IEEE Transactions on Biomedical Engineering*, Vol. 59, n°2, pp. 346-354 (2012).

[HARV 05] E. Harvey-Girard, "Neurone" Apteronote (2005).

[HENN 12] C. Henneberger and D.A. Rusakov, Nature Protocols, Vol. 7, n°12, pp. 2171-2179 (2012).

[HIER 10] I.L. Jones, P. Livi, M.K. Lewandowska, M. Fiscella, B. Roscic and A. Hierlemann, *Analytical and Bioanalytical Chemistry*, Vol. 399, pp. 2313-2329 (2010).

[HIER 11] A. Hierlemann, U. Frey, S. Hafizovic and F. Heer, *Proceedings of the IEEE*, Vol. 99, n°2, pp. 252-284 (2011).

[HIER 12] A. Hierlemann et al, *Journal of Neuroscience Methods*, Vol. 211, n°1, pp. 103-113 (2012).

[HOFM 11] B. Hofmann, E. Kätelhon, M. Schottdorf, A. Offenhäusser and B. Wolfrum, *Lab on Chip*, Vol. 11, 1054 (2011).

[HOGH 52a] A.L. Hodgkin, A.F. Huxley, and B. Katz, *Journal of Physiology*, 116: 424-448 (1952).

[HOGH 52b] A.L. Hodgkin, and A.F. Huxley, *Journal of Physiology*, 116: 449-472 (1952).

[HOGH 52c] A.L. Hodgkin, and A.F. Huxley, *Journal of Physiology*, 116: 473-496 (1952).

[HOGH 52d] A.L. Hodgkin, and A.F. Huxley, *Journal of Physiology*, 116: 497-506 (1952).

[HOGH 52e] A.L. Hodgkin, and A.F. Huxley, *Journal of Physiology*, 117(4): 500-544 (1952).

[IMPC 04] www.impc.cnrs.fr/~duprat/neurophysiology/patch.htm

[INSE 11]   http://www.inserm.fr/thematiques/neurosciences-sciences-cognitives-neurologie-psychiatrie/dossiers-d-information/retine-artificielle

[KAWA 10]   T. Kawano, T. Harimoto, A. Ishihara, K. Takei, T. Kawashima, S. Usui and M. Ishida, *Biosensors and Bioelectronics*, Vol. 25, pp. 1809-1815 (2010).

[LEE 05]   K. Lee, S. Massia and J. He, *Journal of Micromechanic and Microengineering*, Vol. 15, pp. 2149-2155 (2005).

[LESC 12]   A. Lesch, D. Momotenko, F. Cortés-Salazar, I. Wirth, U.M. Tefashe, F. Meiners, B. Vaske, H.H. Girault and G. Wittstock, *Journal of Electronanlytical Chemistry*, Vol. 666, pp. 52-61 (2012).

[LIEB 06]   F. Patolsky, B.P. Timko, G. Yu, A.B. Greytak, G. Zheng and C.M. Lieber, *Science*, Vol. 313, pp. 1100-1104 (2006).

[LIEB 10]   B. Tian, T. Cohen-Karni, Q. Quing, X. Duan, P. Xie, C.M. Lieber, *Science*, Vol. 329, pp. 830-834 (2010).

[POGH 09]   A. Poghossian, S. Ingebrandt, A. Offenhäusser and M.J. Schöning, *Seminars in Cell & Developmental Biology*, Vol. 20, pp. 41-48 (2009).

[MEYB 05]   S. Meyburg, M. Goryll, J. Moers, S. Ingebrandt, S. Böcker-Meffert, H. Lüth and A. Offenhäusser, *Biosensors and Bioelectronics*, Vol. 21, pp. 1037-1044 (2006).

[MINE 09]   A. Minerbi, R. Kahana, L. Goldfeld, M. Kaufman, S. Marom and N.E. Ziv, *Plos Biology*, Vol. 7, n° 6, e1000136 (2009).

[NEHE 76]   E. Neher and B. Sakmann, *Nature*, Vol. 260, pp. 799-802 (1976).

[NGUY 12]   H.M. Nguyen, H. Miyazaki, N. Hoshi, B.J. Smith, N. Nukina, A.L. Goldin and K.G. Chandy, *Proceedings of the National Avademy of Sciences of the United States of America*, Vol. 109, n°45, pp. 18577-18582 (2012).

[PENN 89]   R. Penner and E. Neher, *Neurosciences*, vol. 12, n° 4, pp. 159-163, avril 1989.

[PICA 10]   S. Picaud et al, *Science*, Vol. 329, pp. 413-417 (2010).

[PICA 09]   S. Picaud et al, *Annals of Neurology*, Vol. 69, n°1, pp.98-107 (2009).

[PICA 11]   R.T. Ibad, J. Rheey, S. Mrejen, V. Forster, S. Picaud, A. Prochiantz and K.L. Moya, *Journal of Neurosciences*, Vol. 31, n°14, pp. 5495-5503 (2011).

[PINE 03]   Q. He, E. Meng, Y-C. Tai, C.M. Rutherglen, J. Erickson and J. Pine, *IEEE Transducers 2003*, Vol. 1 et 2, pp.995-998 (2003).

[PINE 08]   J. Erickson, A. Tooker, Y-C. Tai and J. Pine, *Journal of Neuroscience Methods*, Vol. 175, n°1, pp. 1-16 (2008).

[PRAS 12]   A. Prasad, Q-S Xue, V. Sankar, T. Nishida, G. Shaw, W.J. Streit and J.C. Sanchez, *Journal of Neural Engineering*, Vol. 9, 056015 (2012).

[PROD 09]   T. Prodromakis, K. Michelakis, T. Zoumpoulidis, R. Dekker and C. Touzamou, *IEEE Sensors 2009*, Vol. 1-3, pp. 791-794 (2009).

[RAND 12] A.D. Randall, C. Booth and J.T. Brown, Neurobiology of Aging, Vol. 33, pp. 2715-2720 (2012).

[ROGE 10] J.A. Rogers et al, *Nature Materials*, Vol. 9, pp. 511-517 (2010).

[ROTH 11] J.M. Rothberg et al, *Nature*, Vol. 475, pp. 348-352 (2011).

[SAWA 11] S. Takenaga, Y. Tamai, K. Hirai, K. Takahashi, T. Sakurai, S. Terakawa, M. Ishida, K. Okumura and K. Sawada, *IEEE Transducers 2011*, pp. 954-957 (2011).

[SHAH 01] G. Shahaf and S. Marom, *Journal of Neuroscience*, Vol. 21, pp. 8782-8788 (2001).

[SIBA 12] D.A. Sibarov, A.E. Bolshakov, P.A. Abushik, I.I. Krivoi and S.M. Antonov, *The Journal of pharmacology and experimental therapeutics*, Vol. 343, n° 3, pp. 596-607 (2012).

[SPIR 06] A. Cohen, J. Shappir, S. Yitzchaik and M.E. Spira, *Biosensors and Bioelectronics*, Vol. 22, pp. 656-663 (2006).

[STEG 09] J. Stegenga, J. Le Feber, E. Marani and W.L. Rutten, *IEEE Transactions on Biomedical Engineering*, Vol. 56, n°4, pp. 1220-1227 (2009).

[STUH 91] W. STÛHMER, *Annual Review of Biophysics and Biophysical Chemistry*, vol. 20, pp. 65-78 (1991).

[TATE 05] T. Tateno, Y. Jimbo and H.P.C. Robinson, *Neuroscience*, Vol. 134, n°2, pp.425-437 (2005).

[UEBA 12] M. Uebachs, C. Albus, T. Opitz, L. Isom, I. Niespodziany, C. Wolff and H. Beck, Epilepsia, Vol. 53, n°11, pp. 1959-1967 (2012).

[UNWI 89] N. Unwin, The Structure of Ion Channels in Membranes of Excitable Cells in Neuron, vol. 3, n° 6, pp. 665-676 (1989).

[WARW 03] K. Warwick, M. Gasson, B. Hutt, I. Goodhew, P. Kyberd, B. Andrews, P. Teddy and A. Shad, *Archives of Neurology*, Vol. 60, pp. 1369-1373 (2003).

[WOER 11] K. Woertz, C. Tissen, P. Kleinebudde and J. Breitkreutz, *Journal of Pharmaceutical and Biomedical Analysis*, Vol. 55, n°2, pp. 272-281 (2011).

[XIA 03] Y. Xia and G.W. Gross, *Histotypic electrophysiological responses of cultured neuronal networks to ethanol*, Vol. 30, pp. 167-174 (2003).

[YAMA 12] D. Yamada, M. Miyajima, H. Ishibashi, K. Wada, K. Seki and M. Sekiguchi, *The journal of Physiology*, Vol. 590, pp. 5691-5706 (2012).

[YU 07] Z. Yu, T.E. McKnight, M.N. Ericson, A.V. Melechko, M.L. Simpson and B. Morrison III, *Nano Letters*, Vol. 7, n°8, pp. 2188-2195 (2007).

Chapitre II

La Technologie

Introduction

De l'étude du capteur à sa fabrication, la technologie a eu une place importante dans nos travaux. En effet, bien que nous nous soyons inspirés des dispositifs et des expérimentations déjà existants, nous avons dû repenser la technologie ISFET pour en faire un capteur compatible avec la mesure de potentiels d'actions provenant des neurones. L'avantage des ISFETs développés au LAAS-CNRS [TEMP 00; TEMP 06] est que l'on peut les utiliser en milieu liquide et que nous maitrisons parfaitement leur process. De plus, pour passer d'une mesure de pH à une mesure potentiométrique, il suffit de métalliser la zone sensible pour obtenir ce nouveau type de transistor. Ce type capteur ne possède plus un simple oxyde de grille mais un empilement d'oxyde et de nitrure de silicium, nous ne sommes plus dans le cas d'un simple MOSFET. Nous avons donc renommé notre capteur NeuroFET, pour *Neuronal Field Effect Transistor*. Dans un premier temps, nous parlerons de la conception de ces NeuroFETs puis de leur fabrication et de leur caractérisation. Nous terminerons par le développement d'un ISFET sensible aux ions potassium (K^+) et sodium (Na^+) qui permettrait par la suite la mesure de variation de concentration des différents éléments chimiques liés à l'origine du potentiel d'action.

I. Etude des NeuroFETs et conception de leurs masques

Avant la conception des masques des NeuroFETs, nous avons simulé le procédé ISFET sous ATHENA et nous l'avons modifié pour obtenir le procédé NeuroFET. A partir des caractéristiques électriques fournies par ATHENA, des contraintes imposées par l'utilisation des neurones et de notre objectif d'application, nous avons déterminé un cahier des charges. Une fois ce cahier des charges établi, nous avons pu dessiner les différents niveaux de masques.

1. Simulations sous ATHENA

L'outil de simulation utilisé pour la simulation de notre procédé technologique, est le logiciel ATHENA qui appartient à la famille de logiciels de la société Silvaco. Les procédés pouvant être simulés sont l'oxydation, la diffusion, l'implantation ionique, l'épitaxie, le dépôt et la gravure. L'utilisation de modules différents permet en outre la simulation de l'étape de lithographie. Les paramètres des différents éléments tels que la permittivité, sont intrinsèques au logiciel.

a) Simulation de la technologie sous ATHENA :

Plusieurs simulations ont été nécessaires pour valider le procédé NeuroFET. Les paramètres qui ne changeaient pas, étaient les épaisseurs qui composent la grille, soit 50nm d'oxyde de silicium et 50nm de Nitrure de silicium. Toutes ces simulations ont permis en outre de supprimer l'anneau de garde P+, inutile pour notre application ; ou encore de valider toutes les modifications apportées au procédé pour passer de substrat 4 pouces à 6 pouces. Pour exemple, il a été nécessaire d'adapter les cycles thermiques des fours qui ne pouvaient plus être les mêmes. Tout le procédé NeuroFET a été retranscrit en code ATHENA (voir *Annexe : Code ATHENA Procédé Réel*) pour pouvoir ensuite en ressortir la simulation du composant en coupe de la figure 2.1 où l'on peut également noter les concentrations de dopage.

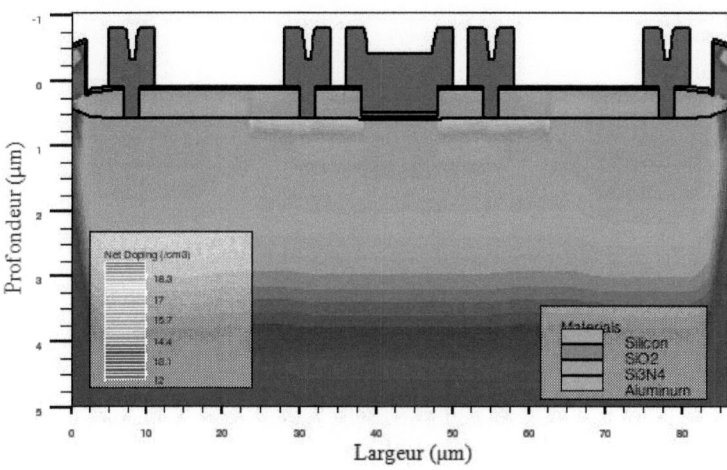

Figure 2.1 : Simulation du composant comportant les zones dopées caractéristiques

b) <u>Simulation électrique sous ATLAS</u> :

Il est également possible sous ATLAS, de simuler électriquement le composant dont nous venons de simuler le procédé technologique. Nous avons d'abord appliqué une tension V_{DS} à 2V et avons tracé la courbe du courant entre le drain et la source en fonction de la tension entre la grille et la source $I_{DS}=f(V_{GS})$ représentée figure 2.2. Cette courbe nous permet d'avoir une estimation de la tension de seuil V_T qui se situe au alentour de 0,8V. D'autre part, toutes les simulations sont réalisées pour une longueur de canal de 1μm. Sur la courbe, nous avons pu estimer que pour une variation de 0,1V, soit la variation correspondant à la présence d'un potentiel d'action, nous aurions une variation de 0,1μA. Nous avons également fait varier la tension entre le drain et la source V_{DS} pour des V_{GS} de 1, 2, 3 et 4V et nous avons observé la variation du courant I_{DS} (figure 2.3).

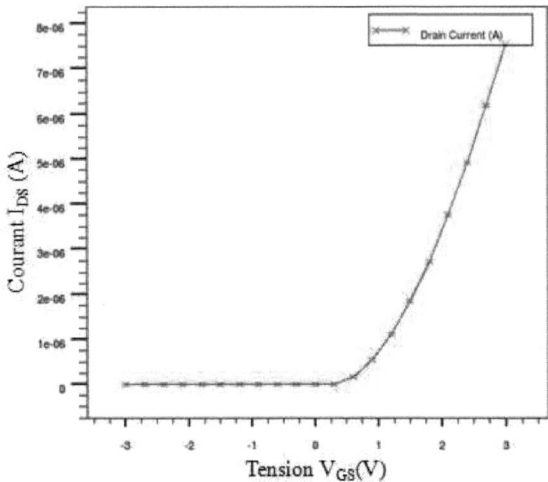

Figure 2.2 : Simulation électrique $I_{DS}=f(V_{GS})$ du NeuroFET

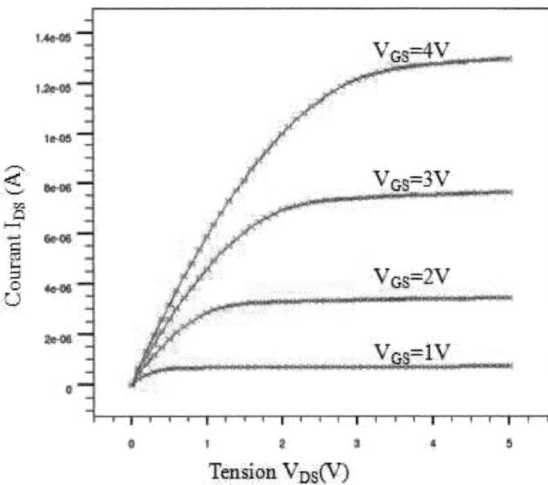

Figure 2.3 : Simulation électrique $I_{DS}=f(V_{DS})$ du NeuroFET pour V_{GS} variant de 1 à 4V

2. Cahier des charges

Le cahier des charges a été écrit à partir des contraintes imposées par le procédé, par l'objectif de notre application ainsi que par la nature de l'espèce biologique à étudier : les neurones.

a) Contraintes technologiques et adaptation du procédé :

Les contraintes de technologie et d'adaptation viennent majoritairement du procédé et du choix technologique de nos composants. Elles sont répertoriées ci-dessous :
- Epaisseur de l'isolant diélectrique SiO_2/Si_3N_4 : 50nm chacun
- Possibilité de fabriquer dans le même lot aussi bien des NeuroFETs que des ISFETs
- Transistor isolé dans des caissons type P
- Largeur des pistes métalliques : 30µm
- Pistes métalliques Titane / Or : 100nm / 800nm
- Dimension des plots de contact extérieur de la puce : 250x250µm espacés de 250µm
- Courant de fuite $I_{off}<1\mu A$
- Tension de seuil d'environ 1V
- Utilisation de substrats 6 pouces pour la compatibilité des équipements

b) Contraintes dues à l'application *Neurons-on-chip* :

Les contraintes dues à l'application viennent de l'objectif du projet *Neurons-On-Chip* qui est la mesure du potentiel d'action des neurones.
- Isolation des contacts métalliques
- Utilisation en milieu liquide
- Utilisation d'un cône de culture
- Dimension de la puce : 5x5mm
- Possibilité de venir stimuler électriquement les neurones
- Eloignement des zones sensibles vis à vis des pistes électriques

c) Contraintes dues à l'utilisation de neurones :

Pour les contraintes dues à l'utilisation des neurones, nous nous sommes basés sur les travaux de P. Fromherz [FROM 03] et en avons déterminé les contraintes suivantes :
- Taille des zones de réception pour neurones dont le soma a un diamètre caractéristique de 50µm
- Distance entre les zones de réception de 250µm
- Mesure de potentiel d'action compris entre -70mV et +30mV
- Largeur des canaux entre les zones de réception de 10µm

3. Utilisation de grilles déportées : *Extended Gate*

La contrainte d'avoir les pistes de contacts des NeuroFETs éloignées de la zone sensible des composants a imposé d'utiliser des grilles déportées, nommées couramment des *Extended Gate*, souvent utilisées dans les biocapteurs [CHEN 03, CHOI 12]. Dans notre cas, il s'agit d'une métallisation en Titane / Or qui ne présente que très peu de résistivité (inférieur à l'ohm) qui va de la grille du NeuroFETs à la zone de mesure figure 2.4.

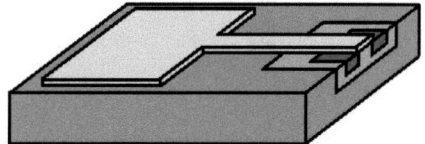

Figure 2.4 : Illustration d'un MOSFET avec grille déportée

4. Dimensionnement de la grille

Pour la dimension de la grille, le cahier des charges n'impose rien. Les axones des neurones de Lymnaea Stagnalis utilisés dans les travaux de Fromherz [FROM 01], peuvent mesurer jusqu'à 10µm de large. Pour éviter qu'un axone n'ait de contact à côté de la grille quand celui-ci se développe, nous avons choisi une grille de 10µm de longueur. C'est pour cela que tout le procédé sous ATHENA a été réalisé avec une grille de cette longueur. Pour la largeur de grille, nous sommes libres. Cependant, la simulation électrique sous ATHENA, nous a indiqué qu'une variation de 0,1V sur la grille entrainerait une variation de courant ΔI_{DS} de 0,1µA pour une largeur de grille de 1µm. Bien que cette variation soit mesurable, nous avons décidé de l'augmenter pour être plus précis. L'équation (1) donne la valeur du courant I_{DS}.

$$I_{DS} = \mu_n C_{ox} \frac{W}{L}\left[(V_{GS} - V_T)V_{DS} - \frac{V_{DS}^2}{2}\right] \quad (1)$$

Les paramètres µ$_n$ et C$_{ox}$ qui sont respectivement la mobilité des électrons et la capacité d'oxyde ne dépendent pas des paramètres géométriques. Seuls les paramètres W et L, respectivement la largeur et la longueur, sont des paramètres géométriques. Nous avons fixé L, donc pour augmenter la valeur de ΔI_{DS} nous devons augmenter la largeur du transistor. Ceci ne pose aucun problème puisque la distance entre deux zones de réceptions des neurones était définie par le cahier des charges à 250µm. Nous avons donc choisi de faire une grille de 10x200µm.

5. Réalisation et présentation des masques

Le jeu de masques créé pour la fabrication des NeuroFETs a été dessiné à l'aide du logiciel *Cléwin*. Les masques ont ensuite été fabriqués dans la centrale technologique du LAAS-CNRS. Le jeu de masques contient 5 masques, 4 pour le stepper et 1 pour une lithographie classique. La conception des masques est présentée ci-dessous et l'ensemble des masques est repris en annexe (voir *Annexe : Dossier de Masques*).

a) Conception du transistor NeuroFET :

Pour la conception du NeuroFET, nous avons commencé par dessiner la grille. Comme nous l'avons vu précédemment, celle-ci fait 10x200µm. A partir de là, nous avons dessiné les différents niveaux des transistors. Nous avons d'abord fait une grille de 20x210µm en prenant une marge de 5µm de chaque côté de la grille pour prendre en compte les problèmes d'alignement et de définition du motif lors d'une photolithographie ou d'une gravure chimique. Nous avons ensuite fait les zones N+ de drain et de source de 50x200µm avec un recouvrement de 5µm sur la grille. La deuxième chose imposée par le cahier des charges est d'avoir les pistes métalliques de contact de la source et du drain, éloignées de la zone de mesure. Il y a deux façons de répondre à cet impératif, avec l'utilisation d'*Extended Gate* comme expliqué précédemment, où en

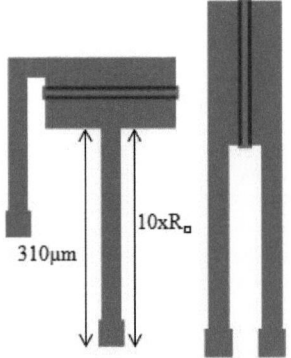

Figure 2.5 : Illustration NeuroFET avec lignes dopées

éloignant les prises de contact à l'aide de lignes dopées. Nous avons dessiné deux types de pistes pour palier à toutes les configurations possibles comme illustré figure 2.5. Pour faire en sorte que tous les transistors aient les mêmes caractéristiques, les lignes ont toutes la même valeur de résistance, soit **R=$N_\square$x$R_\square$**. Dans notre cas, le nombre de carré ($N_\square$) est de 10 pour toutes les lignes. La résistance $R_\square$ est la valeur d'une surface où la longueur est égale à la largeur, soit 30µm, et où **$R_\square$=ρ / d** où dans notre cas, ρ est la résistivité du semi-conducteur et d sa profondeur d'implantation qui sont deux paramètres communs à tous les NeuroFETs. Le dernier carré est la zone ou l'on viendra faire un contact métallique. Il est donc agrandi de 5µm par coté pour être dans les normes, soit 40µm. Cependant cela ne change rien pour la valeur de $R_\square$ qui reste la même que pour un coté de 30µm. Une fois le transistor fini, nous avons dessiné le caisson type P dans lequel le transistor sera implanté. Nous avons pris une marge de 20µm et nous avons obtenu les rectangles comme illustré figure 2.6. Les trois carrés gris dans le caisson, sont les trois connections nécessaires pour le bon fonctionnement du transistor (source, drain et substrat). Dans notre cas, on connecte ensemble une des zones actives du composant et le substrat. Cette zone active devient alors la source du NeuroFET. Une fois ces deux modèles créés, nous pouvons faire le dessin de la puce comme nous le souhaitons en tournant ou en faisant un effet miroir de ces modèles de transistors.

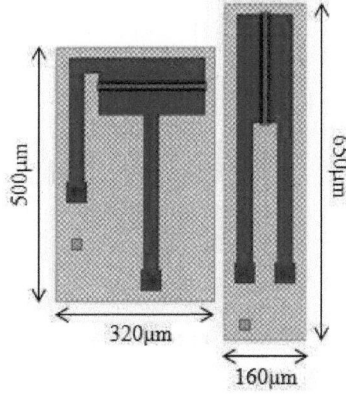

Figure 2.6 : Illustration NeuroFET dans leurs caissons

b) <u>Mise en place des composants</u> :

Une fois les modèles de NeuroFETs dessinés, nous avons conçu la zone sensible au centre de la puce. Le nombre de NeuroFET présents sur la puce ne faisait pas partie du cahier des charges. Cependant, les transistors ont des dimensions assez importantes par rapport à la taille de la puce imposée. Nous avons choisi d'intégrer 16 NeuroFETs et nous les avons organisés de manière à ce qu'un neurone développant son axone ait une grande probabilité de croiser une grille de transistor. Les transistors couvrent alors 2mm^2 de la puce. La disposition finale des NeuroFETs est illustrée par le dessin de masque figure 2.7. Le trait en pointillé noir montre la zone sensible du composant, dans laquelle, aucune piste métallique ne passera. Cette zone sensible fait 1,5mm^2.

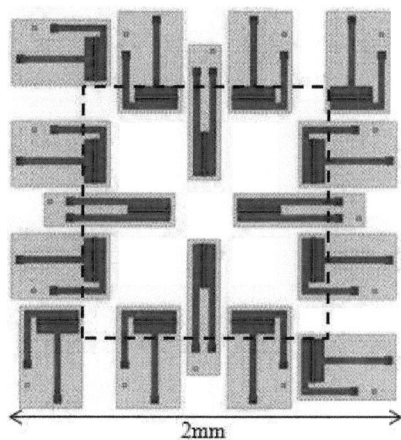

Figure 2.7 : Illustration de la disposition des NeuroFETs

c) Conception des métallisations :

Le cahier des charges n'apportait pas beaucoup de liberté pour la métallisation. En respectant la taille de la puce, des plots et des distances inter-plots, 40 plots de connexion ont pu être réalisés. 32 étaient nécessaires pour les drains et sources des 16 transistors, ce qui laissait 8 plots libres. Comme on peut le voir sur la figure 2.7, 4 transistors ne se situaient pas dans la zone sensible du composant ou se trouveront les neurones. Les grilles déportées semblaient dans ce cas, la meilleure solution. Nous avons prolongé la métallisation des grilles pour aller jusqu'à la zone de réception des neurones. Pour avoir un accès à la grille et aux zones de réception dans les angles de la zone sensible, nous avons amené une piste métallique sur l'*Extended Gate* comme illustré figure 2.8. Nous avons reproduit ce principe, pour les quatre NeuroFETs des coins qui ne se trouvaient pas dans la zone sensible. De plus, sachant qu'il nous restait encore 4 plots disponibles, nous en avons profité pour rajouter 4 autres connexions arrivant sous une zone de réception où il n'y avait pas de transistor mais où une stimulation électrique pourrait être judicieuse. C'est également lors de cette métallisation que nous décidons quel transistor sera un NeuroFET ou un ISFET en métallisant ou non la grille. La partie ISFET sera développée par la suite. Pour finir, nous profitons de la métallisation pour numéroter chaque puce avec la couche d'or qui peut être lisible à l'œil nu. La puce complète avec les métallisations fait 5mm² et est illustrée sur la figure 2.9.

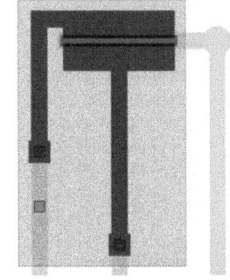

Figure 2.8 : Illustration d'un transistor avec *Extended Gate*

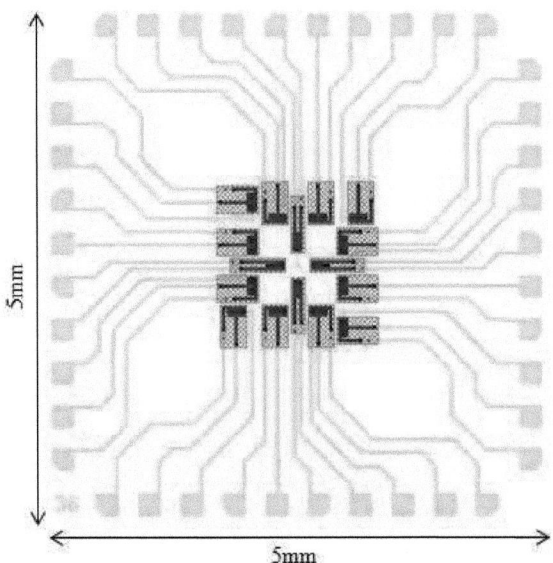

Figure 2.9 : Illustration de la puce complète

II. Fabrication et caractérisation de micro-capteurs NeuroFET

1. Description du procédé technologique

Le procédé technologique des micro-capteurs NeuroFET est basé sur des étapes de fabrications de l'ISFET, fabriqué au LAAS-CNRS et développé aux cours des travaux de thèses de W. Sant [SANT 01] et d'I. Humenyuk [HUME 05]. Le procédé fut ensuite modifié pour faire des NeuroFETs et adapté pour travailler sur des substrats 6 pouces. Au total, il y a 21 étapes dans la réalisation des NeuroFETs, entre le choix du substrat et la métallisation des pistes, incluant 5 masques différents. Les différentes étapes sont présentées en suivant. Aucune des illustrations décrivant le procédé n'est à l'échelle. Les profils de dopage proviennent tous de simulations du procédé réel sous ATHENA. Cependant, l'expérience des thèses citées montre que les simulations des profils sont proches de la réalité. De plus, ces profils ne sont là que pour donner un ordre d'idée des dopages nécessaires.

a) <u>Choix du substrat</u> :

Le choix du substrat s'est porté sur un substrat silicium de type N (dopé Phosphore) avec une orientation cristalline <100> et une résistivité de 270Ω.cm (Na = 10^{13}at/cm). Ce choix d'utilisation de substrat non-standard est venu du fait d'une inversion importante entre les différents dopant (substrat 10^{13}/caisson P 10^{15}/ caisson N+ 10^{20}). La dimension des substrats 6 pouces est imposée par l'utilisation du *Stepper*, équipement de la centrale technologique du LAAS-CNRS présenté ultérieurement et qui est standardisé pour ce diamètre. L'épaisseur du substrat est de 675µm. Deux substrats témoins ont été utilisés tout au long du procédé de fabrication pour effectuer en permanence le contrôle des principaux paramètres technologiques.

b) <u>Etape 1</u> : Nettoyage des plaques de silicium

La fabrication de FET demande une grande propreté du substrat pour éviter au mieux toutes sortes d'impuretés. Le nettoyage des substrats est par conséquent une des étapes régulièrement répétées au long de la fabrication des NeuroFETs. A cette étape, le nettoyage permet d'enlever toutes les impuretés en surface du silicium. Elle contient 4 étapes énumérées ci-dessous :

- Nettoyage des substrats dans un bain *piranha* (50% H_2SO_4 / 50%H_2O_2) pendant 30 secondes. Ceci permet de détruire toute trace organique et de créer une couche d'oxyde de quelques nanomètres qui piège les impuretés et ions parasite en surface.
- Rinçage des substrats à l'eau déionisée (EDI) puis un séchage à l'azote.
- Attaque chimique dans le Fluorure d'Hydrogène (HF) 5% pendant 30 secondes pour enlever l'oxyde de silicium natif qui contient les impuretés.
- Rinçage des substrats à l'eau déionisée (EDI) puis un séchage à l'étuve *Spin Rinse Dryer* (SRD) de la société SEMITOOL pour un nettoyage et un séchage optimum.

c) <u>Etape 2</u> : Oxydation de masquage

Pendant cette étape, une couche d'oxyde de silicium thermique (SiO_2) de 800nm est formée. Le cycle thermique de l'oxydation de masquage est représenté sur la figure 2.10. Il est important que l'épaisseur du SiO_2 soit suffisamment grande pour protéger le reste du substrat des effets d'implantation et des autres opérations thermiques. Les substrats étant oxydés à l'intérieur d'un four, l'oxydation se réalise sur les deux faces (figure 2.11).

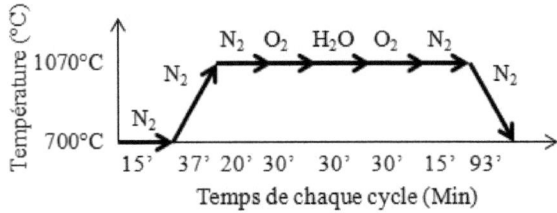

Figure 2.10 : Cycle thermique de l'oxydation de masquage

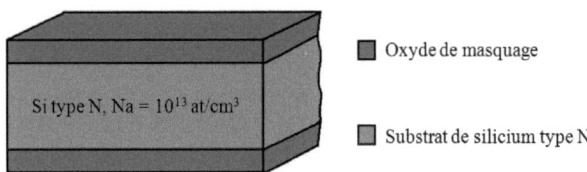

Figure 2.11 : Illustration de l'oxydation de masquage

d) Etape 3 : Photolithographie de l'oxyde de masquage (Masque *Masquage*)

Cette photolithographie doit permettre de faire la gravure de l'oxyde de masquage, ceci avec l'objectif de définir les zones pour les caissons P et les zones actives du composant (figure 2.12) mais également les motifs d'alignement pour les masques du *Stepper* et de la photolithographie par contact. Elle se déroule selon les séquences standards suivantes :

- Déshydratation 200°C durant 20 min + Etuve de Hexaméthyldisilazane (HMDS) durant 45 min comme promoteur d'adhérence
- Enduction de résine ECI 1,2μm à l'aide des pistes automatiques de l'EVG120
- Nettoyage face arrière avec tissus imbibés d'acétone
- Insolation à l'aide du *Stepper*
- *Post Exposure Baking* (PEB) + Révélation à l'aide des pistes automatiques de l'EVG120

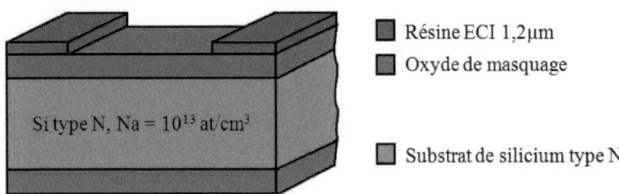

Figure 2.12 : Illustration de la photolithographie de l'oxyde de masquage

e) <u>Etape 4</u> : Gravure de l'oxyde de masquage

La gravure de l'oxyde de masquage est une étape importante pour la suite du procédé. Si elle est réalisée de façon trop grossière, il se peut que le *Stepper* n'arrive pas à retrouver ses mires d'alignements. A l'origine, la gravure de l'oxyde de masquage se faisait uniquement par gravure chimique. Le problème est que la gravure chimique est une gravure isotrope, ce qui signifie qu'elle gravera aussi bien en profondeur, que sur les côtés des motifs. L'oxyde de silicium faisant 800nm, les motifs par gravure chimique seront agrandis de 800nm par côté. Les motifs d'alignements du *Stepper* font quelques micromètres et seront détériorés par la gravure chimique. C'est donc pour cela que nous faisons au préalable une gravure *Reactive Ions Etching* (RIE) par plasma qui grave uniquement dans la hauteur pour enlever 600nm d'oxyde et ensuite finir par une gravure chimique pour enlever les 200nm qui restent et ne pas graver la surface du silicium (figure 2.13). Nous procédons donc aux séquences suivantes :

- Gravure *RIE* de 600nm d'oxyde
- Gravure chimique de l'oxyde au buffer HF durant 3min30
- Nettoyage résine à l'acétone et rinçage des substrats à l'EDI

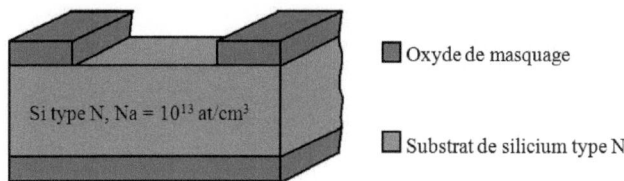

Figure 2.13 : Illustration de la gravure de l'oxyde de masquage

f) <u>Etape 5</u> : Oxydation de pré-implantation

Pendant cette étape, une mince couche d'oxyde de silicium sera formée (figure 2.14). Cette couche permettra de diminuer l'impact des dopants sur le silicium lors de l'implantation du Bore et de l'Arsenic au moment de la création des caissons P et des zones actives N+ du composant (drain et source). Le profil thermique de cette étape (figure 2.15) a été optimisé à la centrale technologique du LAAS-CNRS pour obtenir une épaisseur d'oxyde de 40nm.

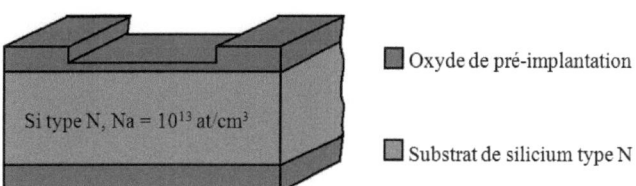

Figure 2.14 : Illustration de l'oxydation de pré-implantation

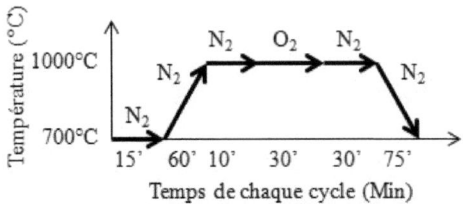

Figure 2.15 : Cycle thermique de l'oxydation de pré-implantation

g) <u>Etape 6</u> : Implantation du caisson P (Masque *Caisson P*)

L'implantation des ions de Bore s'effectue à travers l'oxyde de pré-implantation (figure 2.16) à une dose de 5×10^{11} at/cm^2 avec une énergie de 50KeV, ce qui permet d'avoir une concentration après diffusion de 10^{15} at/cm^3. Les ions arrivant sur l'oxyde de masquage n'ayant pas assez de puissance pour arriver jusqu'au silicium, seront pris au piège dans l'oxyde de silicium et n'auront par conséquent, aucune influence sur le composant. Le profil d'implantation du Bore dans le substrat N est représenté par la simulation du profil de dopage de la figure 2.17. La limite d'inversion est positionnée là où il n'y a pas de dopage visible. Après l'implantation, le nettoyage de la résine se fait :

- A l'acétone pour enlever le plus gros de la résine
- Avec un bain *piranha* pendant 2 min pour enlever les derniers résidus de résine

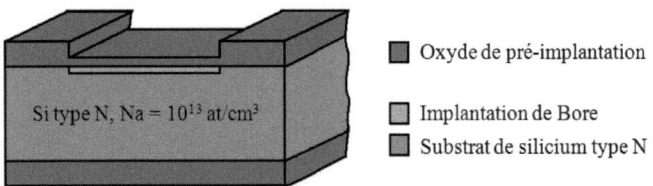

Figure 2.16 : Illustration de l'implantation à travers l'oxyde de pré-implantation

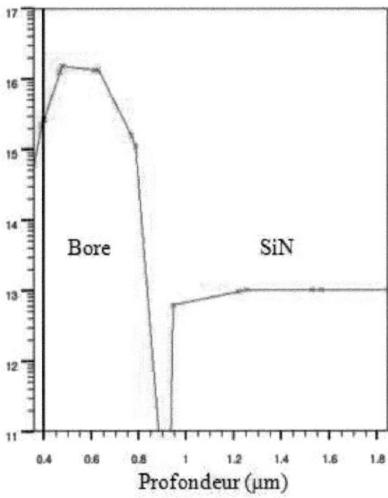

Figure 2.17 : Simulation du profil de dopage du Bore dans le substrat N

h) <u>Etape 7</u> : Redistribution du Bore

Cette redistribution permet de faire diffuser le Bore dans le substrat N (figure 2.18), le Bore ayant tendance à diffuser dans le silicium, et de reformer la maille cristalline détériorée par l'implantation. Après diffusion (figure 2.19), nous obtenons un caisson type P dopé à 10^{15} at/cm^3 (figure 2.20).

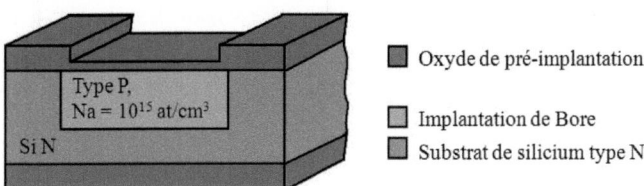

Figure 2.18 : Illustration de l'implantation à travers l'oxyde de pré-implantation

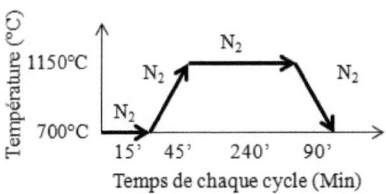

Figure 2.19 : Cycle thermique de la redistribution du Bore

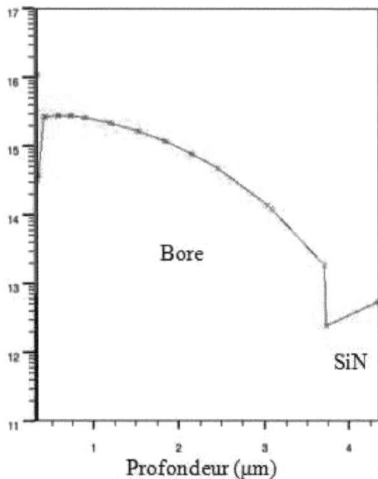

Figure 2.20 : Simulation du profil de dopage du Bore après redistribution

i) <u>Etape 8</u> : Photolithographie des zones actives du composant (Masque *Zone N+*)

Cette photolithographie (figure 2.21) permet de matérialiser les zones actives de source et de drain du composant. Dans ce cas-là, la résine a également pour objectif d'empêcher les ions d'Arsenic de pénétrer dans l'oxyde de pré-implantation. Les étapes de photolithographie sont les mêmes que pour l'étape 3 à l'exception de la résine qui doit être recuite à 110°C durant 1 minute pour que celle-ci doit exemptée de toutes particules d'eau.

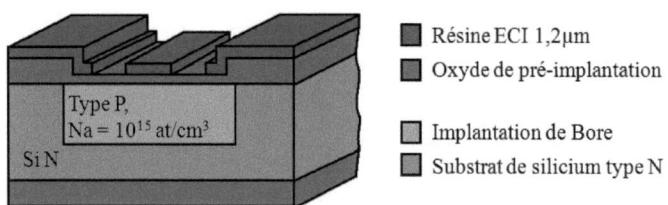

Figure 2.21 : Illustration de l'implantation à travers l'oxyde de pré-implantation

j) <u>Etape 9</u> : Implantation des zones actives

Les zones actives des composants sont réalisées par l'implantation d'ions Arsenic à travers l'oxyde de pré-implantation (figure 2.22). L'implantation se fait à une énergie de 100KeV et avec une dose de 10^{16}at/cm² pour avoir un dopage en surface de 10^{17}at/cm³ (figure 2.23). Une fois le substrat implanté, la résine de protection est complètement durcie et ne peut partir avec un simple rinçage acétone. Le protocole de nettoyage est le suivant :

- Plasma oxygène à 800W durant 15min
- Observation visuelle, si nécessaire, refaire le plasma une seconde fois

- Bain *piranha* durant 2 min

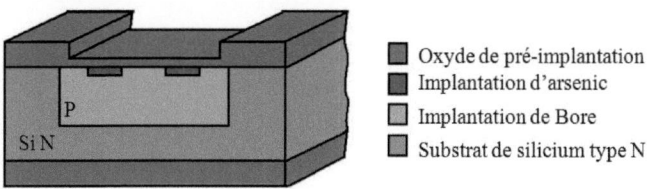

Figure 2.22 : Illustration de l'implantation à travers l'oxyde de pré-implantation

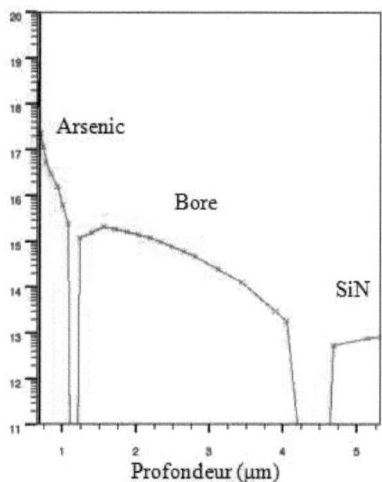

Figure 2.23 : Simulation du profil de dopage de l'Arsenic dans le Bore après implantation

k) <u>Etape 10</u> : Redistribution sous atmosphère oxydante

Lors de cette étape, la redistribution des diffusions N+ et P sont communes (figure 2.24). Cette étape thermique (figure 2.25) permet d'homogénéiser le dopage et de diminuer les effets de surface. Notons que l'Arsenic a tendance à diffuser plus facilement dans l'oxyde que dans le silicium, une grosse partie du dopage part dans l'oxyde de pré-implantation lors de ce recuit oxydant. L'oxyde formé par l'atmosphère oxydante (figure 2.26), aura une épaisseur de 400nm.

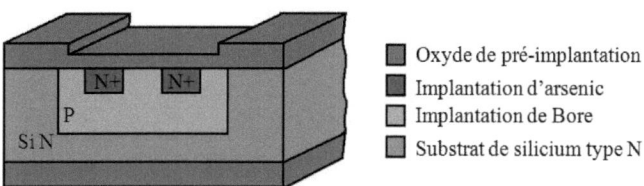

Figure 2.24 : Illustration de la redistribution sous atmosphère oxydante

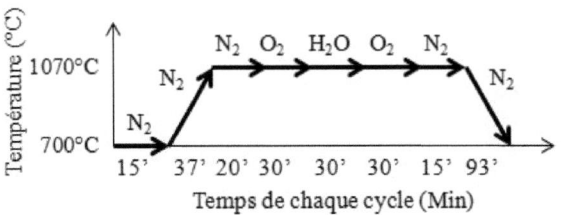

Figure 2.25 : Cycle thermique de la redistribution oxydante des dopants

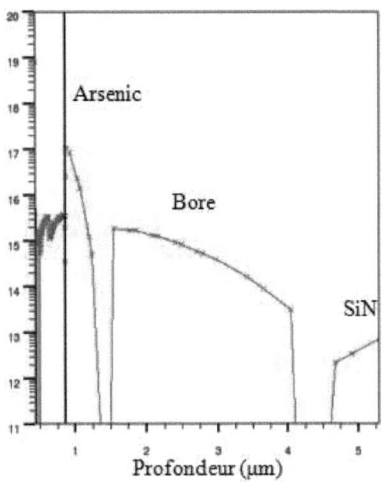

Figure 2.26 : Simulation du profil de dopage de l'Arsenic dans le Bore après redistribution oxydante

1) <u>Etape 11</u> : Photolithographie de la grille (Masque *Grille*)

Cette photolithographie permet de délimiter la zone de la grille du composant (figure 2.27). Les étapes de photolithographie sont les mêmes que pour l'étape 3.

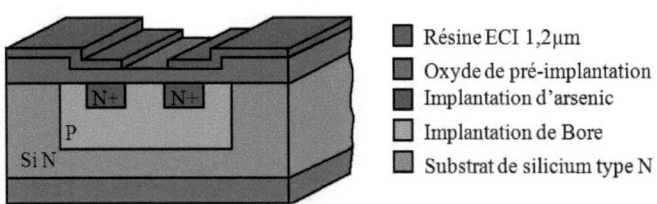

Figure 2.27 : Illustration de la photolithographie de la grille

m) <u>Etape 12</u> : Gravure de la grille

Cette étape est destinée à graver l'oxyde de silicium de pré-implantation précédemment formé (figure 2.28), pour ouvrir la zone destinée à la grille. La gravure de l'oxyde se fait avec une attaque chimique, selon la procédure suivante :

- Gravure chimique de l'oxyde dans buffer HF durant 7 min
- Nettoyage de la résine à l'acétone
- Rinçage global à l'EDI puis rinçage et séchage à l'aide de l'étuve *RSD*

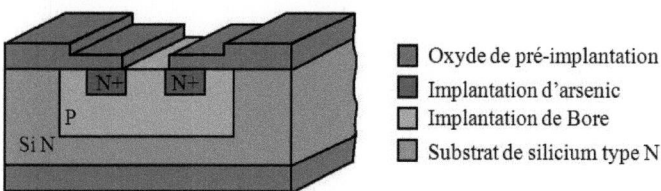

Figure 2.28 : Illustration de la gravure de grille

n) <u>Etape 13</u> : Nettoyage RCA

Avant d'effectuer l'oxydation de la grille, la surface du silicium doit être extrêmement propre afin d'éviter toutes contaminations qui modifieraient les caractéristiques du composant. La méthode du nettoyage dit RCA parce que développé dans les laboratoires de la « Radio Company of America » (procédé mis au point en 1960 par W. Kern et D.A. Puotinen et publié en 1970) est toujours la plus couramment employée. Elle consiste à utiliser successivement plusieurs bains pour enlever les contaminations organiques, ioniques et liées aux métaux lourds, à savoir :

- Bain 1 : Plonger les substrats dans du HF 5% pendant 30 sec pour enlever l'oxyde superficiel
- Bain 2 : Plonger les substrats dans un bain d'EDI pour arrêter l'attaque de l'HF
- Bain 3 : Plonger les substrats dans un bain d'acide nitrique (HNO_3) à 80°C pendant 10 min pour créer de nouveau un oxyde de silicium de quelques nanomètres
- Bain 2 : Plonger les substrats dans un bain d'EDI pour arrêter l'effet du HNO_3
- Bain 4 : Plonger les substrats dans une solution composée de NH_4OH (28%), H2O2 (30%) et de EDI [1:1:5] chauffée à 80°C pendant 10 min
- Bain 2 : Plonger les substrats dans un bain d'EDI pour arrêter l'effet du bain 4
- Bain 5 : Plonger les substrats dans une solution composée de HCl (37%) H2O2 (30%) et EDI [1:1:6] chauffée à 80°C pendant 5 min
- Bain 2 : Plonger les substrats dans un bain d'EDI pour arrêter l'effet du bain 5
- Bain 1 : Plonger les substrats dans du HF 5% pendant 30 sec pour enlever l'oxyde superficiel formé précédemment dans le bain 5
- Bain 2 : Plonger les substrats dans un bain d'EDI pour arrêter l'attaque de l'HF puis faire un rinçage et séchage à l'aide de l'étuve *RSD*

o) <u>Etape 14</u> : Oxydation de grille

L'étape suivante doit impérativement être faite à la suite de l'étape précédente pour éviter tout re-dépôt d'impuretés qui seraient ensuite prises au piège sous l'oxyde de grille. Cet oxyde de grille (figure 2.29) est réalisé par oxydation thermique du silicium. C'est une oxydation sèche qui assure la croissance d'une mince couche d'oxyde de bonne qualité. Le profil thermique de cette étape a été optimisé pour obtenir une épaisseur d'oxyde de 50nm (figure 2.30).

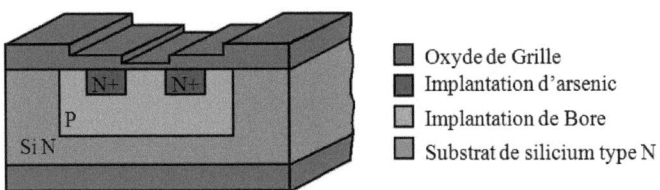

Figure 2.29 : Illustration de l'oxydation de grille

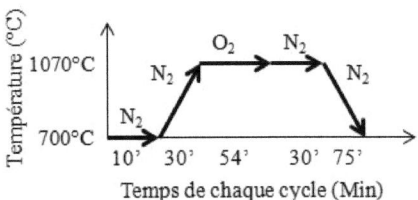

Figure 2.30 : Cycle thermique de l'oxydation de grille

p) <u>Etape 15</u> : Dépôt de nitrure de silicium

Lors de cette étape, une couche de 50nm de nitrure de silicium (Si_3N_4) est déposée à partir du mélange gazeux SiH_2O_2 / NH_3 à une température de 750°C, durant 22 minutes par dépôt chimique en phase vapeur sous basse pression (LPCVD). Cette couche assure une bonne qualité de diélectrique et peut être utilisée en tant que membrane sensible aux ions H_3O^+/OH^- (figure 2.31). Le dépôt s'effectue des deux cotés du substrat.

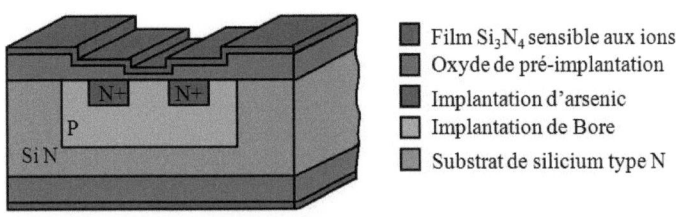

Figure 2.31 : Illustration du dépôt de nitrure de silicium

q) Etape 16 : Photolithographie de l'ouverture des contacts (Masque *Contacts*)

Cette photolithographie permet de délimiter la zone de prise des contacts de la source, du drain et du caisson du composant (figure 2.32). Les étapes de photolithographie sont les mêmes que pour l'étape 3.

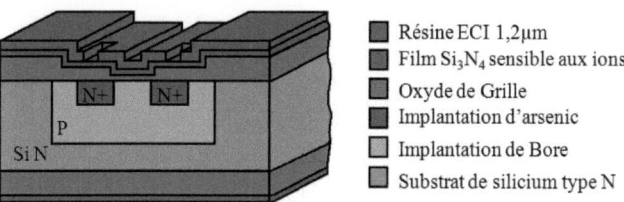

Figure 2.32 : Illustration de la photolithographie permettant l'ouverture des contacts

r) Etape 17 : Gravure des ouvertures de contacts

La gravure de l'ouverture des contacts s'effectue en deux étapes. La première est une gravure *RIE* permettant de graver la couche de nitrure de silicium, trop longue à enlever par gravure chimique, ainsi qu'une partie de l'oxyde créée par la redistribution oxydante. Le reste de l'oxyde sera ensuite gravé par attaque chimique pour arriver, sans altérer, en surface du silicium (figure 2.33). Nous faisons donc les séquences suivantes :

- Gravure *RIE* de 50nm de Si_3N_4 et 300nm de SiO_2
- Gravure chimique de l'oxyde au buffer HF durant 2min
- Nettoyage résine à l'acétone et rinçage des substrats à l'EDI

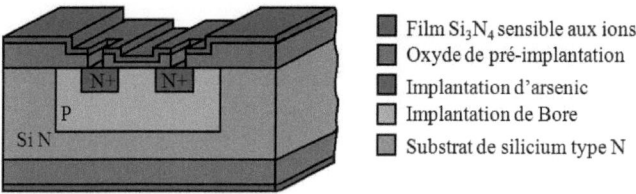

Figure 2.33 : Illustration de la gravure des contacts

s) Etape 18 : Photolithographie des pistes métalliques et des grilles (Masque *Pistes*)

Cette photolithographie permet de délimiter les zones de pistes métalliques servant de prises de contact du composant, mais également pour délimiter les zones de grilles. Comme nous l'avons vu précédemment, à ce niveau ci, nous avons le choix de faire soit des NeuroFETs ouvrant la résine sur les grilles (figure 2.34), ou bien de faire des ISFETs en laissant la résine sur la grille et de ce fait, ne pas la métalliser. C'est également à ce moment que nous pouvons faire des grilles déportées (*extended gate*) pour venir prendre la mesure à un autre endroit que le capteur. Comme c'est avec ce masque que nous numérotons les puces, nous ne pouvions pas utiliser le Stepper qui reproduit à l'identique le même motif sur toutes les puces. Nous avons donc créé un masque pour de la lithographie classique. Les étapes de photolithographie sont donc modifiées par rapport à l'étape 3 :

- Déshydratation 200°C durant 20 min + Etuve de Hexamethyldisilazane (HMDS) durant 45 min comme promoteur d'adhérence
- Enduction de résine ECI 1,2μm à l'aide des pistes automatiques de l'EVG120
- Nettoyage face arrière avec tissus imbibé d'acétone
- Nettoyage du masque au RT2 durant 2 min puis rinçage et séchage
- Déshydratation du masque à 100°C durant 10min
- Alignement du substrat par rapport au masque sous la MA150
- Insolation sous la MA150
- PEB + Révélation à l'aide des pistes automatiques de l'EVG120

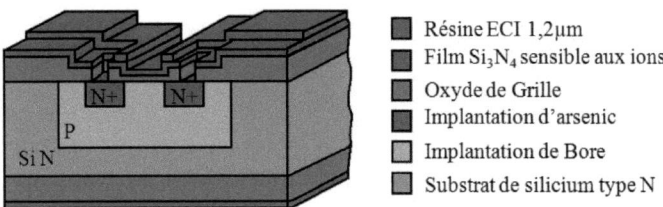

Figure 2.34 : Illustration de la photolithographie des pistes métalliques et de la grille

t) <u>Etape 19</u> : Dépôt titane / or

Pour former des contacts fiables avec les zones actives du composant et être électro-chimiquement compatible avec les neurones, des couches de titane (100nm) sur or (700nm) (Ti/Au) ont été déposées par évaporation. La couche de titane est utilisée comme couche d'accroche entre l'or et le nitrure de silicium.

u) <u>Etape 20</u> : *Lift off* de la métallisation

Une fois le dépôt terminé, les zones qui étaient protégées par la résine sont enlevées par la technique du *lift-off*. Cette technique consiste à enlever la résine sous le film métallique à l'aide d'un solvant, dans notre cas de l'acétone, entrainant avec elle la métallisation et ne laissant uniquement que le film métallique en contact direct avec le substrat (figure 2.35). Un nettoyage *piranha* de 2 minutes sera nécessaire pour enlever les derniers résidus de résine.

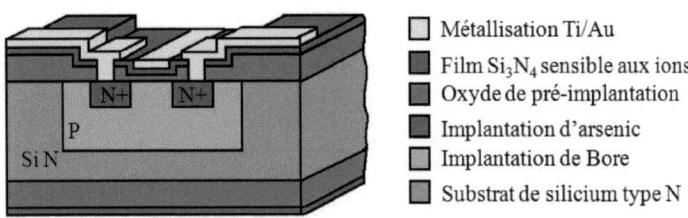

Figure 2.35 : Illustration de la métallisation

v) Etape 21 : Recuit de métallisation

Pour finir, les substrats sont recuits à 200°C sous azote hydrogéné durant 20 minutes, ceci dans le but de diminuer les contraintes dans les zones métallisées, d'améliorer les propriétés d'accroche de la couche métallique et de diminuer la rugosité de surface de l'or.

2. Présentation des NeuroFETs

a) Résumé des étapes du procédé NeuroFETs :

N° Etape	Nom de l'étape	Paramètres d'intérêt	Nom du masque
Etape 0	Choix du substrat	/	
Etape 1	Nettoyage des plaques de silicium	/	
Etape 2	Oxydation de masquage	800nm	
Etape 3	Photolithographie de l'oxyde de masquage	/	Masquage
Etape 4	Gravure de l'oxyde de masquage	/	
Etape 5	Oxydation de pré-implantation	40nm	
Etape 6	Implantation du caisson P	5×10^{11} at/cm^2	Caisson P
Etape 7	Redistribution du Bore	/	
Etape 8	Photolithographie des zones actives du composant	/	Zone N+
Etape 9	Implantation des zones actives	10^{16} at/cm^2	
Etape 10	Redistribution sous atmosphère oxydante	400nm	
Etape 11	Photolithographie de la grille	/	Grille
Etape 12	Gravure de la grille	/	
Etape 13	Nettoyage RCA	/	
Etape 14	Oxydation de grille	50nm	
Etape 15	Dépôt de nitrure de silicium	50nm	
Etape 16	Photolithographie de l'ouverture des contacts	/	Contacts
Etape 17	Gravure des ouvertures de contacts	/	
Etape 18	Photolithographie des pistes métalliques et des grilles	/	Pistes
Etape 19	Dépôt titane / or	100nm/800nm	
Etape 20	Lift off de la métallisation	/	
Etape 21	Recuit de métallisation	/	

Tableau 2.1 : Tableau récapitulatif des différentes étapes du procédé NeuroFETs

b) Photo des NeuroFETs :

La photo du substrat avec NeuroFETs est donnée sur la figure 2.36. La plaquette contient 274 puces (figure 2.37) dont 58 avec ISFETs (~20%). La figure 2.38 montre la zone sensible d'une puce à NeuroFET tandis que la figure 2.39 montre celle de l'ISFET.

Figure 2.36 : Photo de l'ensemble de la plaquette contenant des puces avec NeuroFETs et ISFETs

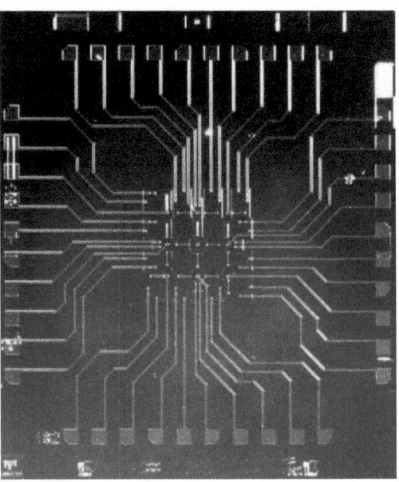

Figure 2.37 : Photo d'une puce complète

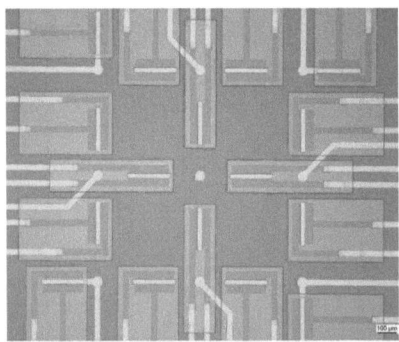

Figure 2.38 : Photo de la zone sensible d'une puce avec 16 NeuroFETs

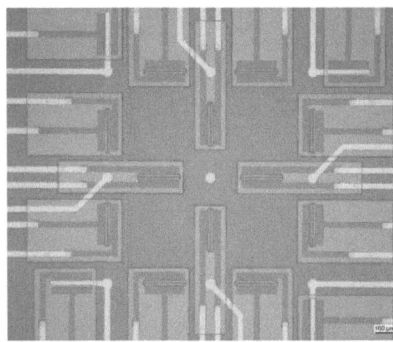

Figure 2.39 : Photo de la zone sensible d'une puce avec 14 ISFETs et 4 NeuroFETs

3. Caractérisations électriques des différents dispositifs

a) Les NeuroFETs :

Une fois terminés, les NeuroFETs ont été testés électriquement. Pour vérifier le fonctionnement électrique de ces capteurs, nous avons tracé les courbes caractéristiques $I_{DS}=f(V_{GS})$ pour des V_{DS} allant de 2 à 5V (figure 2.40), et $I_{DS}=f(V_{DS})$ pour des V_{GS} allant de 1 à 5V (figure 2.41). Ces caractéristiques des NeuroFETs sont similaires aux simulations du procédé fait précédemment. Elles sont également similaires à celles d'un MOS et sont en accord avec les équations électriques d'un transistor à effet de champ. Ceci montre que les capteurs NeuroFETs sont opérationnels. A partir de ces courbes, nous avons estimé la valeur du courant de fuite I_{off} autour de 10μA à $V_{GS} = 0V$, $V_{DS} = 2V$ (figure 2.40). La tension d'Early (V_A) qui est une valeur constante qui est en général très importante (>100V) pour un transistor conventionnel, a été estimée dans le cas le plus défavorable à environ 50V (figure 2.41). Pour finir, nous avons vérifié que tous les NeuroFETs présents sur la même puce, possèdent les mêmes caractéristiques électriques. Des tests d'influences de la température et de la lumière ont également été réalisés et ont montré que ces deux paramètres modifient légèrement le comportement des NeuroFETs. Cependant, nos mesures se feront à température fixe (~37°C) et à lumière constante. Ces deux paramètres n'auront donc aucune influence sur nos mesures.

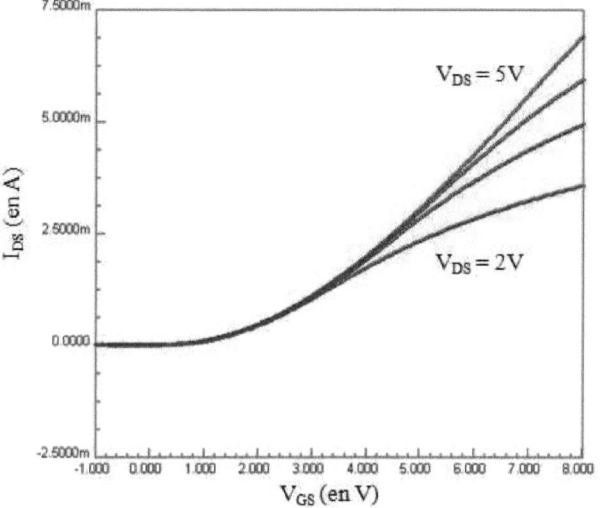

Figure 2.40 : Courbe électrique réelle $I_{DS}=f(V_{GS})$ du NeuroFET pour V_{DS} variant de 2 à 5V

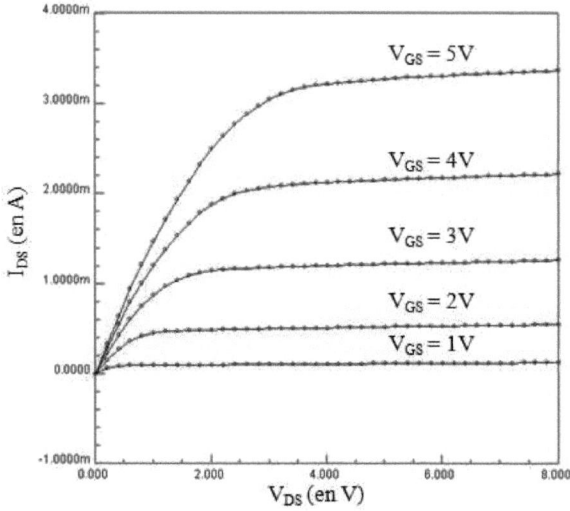

Figure 2.41 : Courbe électrique réelle $I_{DS}=f(V_{DS})$ du NeuroFET pour V_{GS} variant de 1 à 5V

b) Les ISFETs :

Nous avons caractérisé le fonctionnement électrique des ISFETs et nous avons obtenu les mêmes courbes que pour les NeuroFETs. Nous avons ensuite testé le fonctionnement chimique du capteur avec différentes solutions tampons, pH = [4, 7, 10]. L'électrode de grille du testeur sous pointe est alors plongée pour faire contre électrode. Nous en avons sortie la courbe de la figure 2.42 qui représente la variation du courant en fonction du pH. A partir de cette courbe, nous avons pu déterminer la sensibilité au pH du capteur qui est de l'ordre de 50mV/pH, ceci est en accord avec la littérature [VLAS 81]. Nous avons également observé la dérive temporelle sur une période de 3h et nous en avons déduit une dérive d'environ 0,5mV/h, soit d'environ 1% avec une électrode de référence commerciale Ag/AgCl. Comme pour les NeuroFETs, un test d'uniformité des ISFETs sur une même puce a été réalisé et nous a montré qu'ils avaient tous la même sensibilité (50mV/pH).

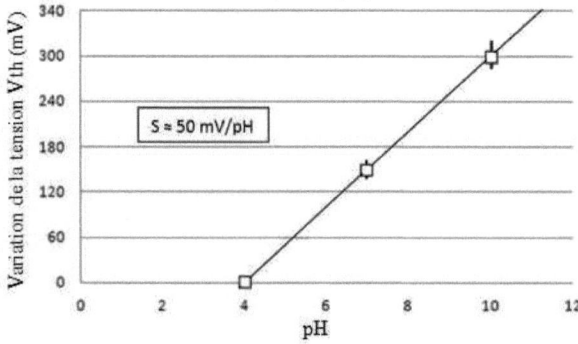

Figure 2.42 : Courbe de la sensibilité en tension (en mV) de l'ISFET en fonction du pH

III. Vers l'ISFET sensible au Na$^+$ et K$^+$

Comme nous l'avons vu dans le chapitre I, le potentiel d'action, que nous cherchons à mesurer de façon électrique, est lié à une variation transmembranaire des concentrations en ions sodium (Na$^+$) et potassium (K$^+$). En évaluant les performances de nos ISFETs, nous avons émis l'hypothèse qu'une simple modification de la composition de la grille des capteurs pourrait entrainer une sensibilité des ISFETs aux ions Na$^+$ et K$^+$. Des publications [BACC 95 ; SHIN 02] ont montré que l'aluminosilicate est sensible à ces ions. Dans cette partie, indépendamment des travaux sur les NeuroFETs, nous explorons une méthode simple pour créer une couche se rapprochant de l'aluminosilicate que nous caractérisons et modélisons. Nous montrons ensuite comment intégrer cette couche sensible.

1. Etude de l'aluminosilicate

Pour l'étude de cette couche de type aluminosilicate, nous avons démarré avec une plaquette de silicium (Si) utilisée pour la fabrication des NeuroFETs et nous avons procédé à une oxydation thermique de 100nm (SiO$_2$). Nous déposons ensuite une couche de 10nm d'aluminium (Al) sur l'ensemble de la plaquette. Celle-ci est ensuite découpée en échantillons de 2cm^2.

Nous avons d'abord souhaité examiner l'influence des recuits à différentes températures. Nous avons donc fait un recuit RTA (sigle de *Rapid Thermal Annealing* en anglais) des échantillons à des températures allant de 400°C à 600°C (par pallier de 50°C) durant 20 minutes. Après observations des différents échantillons, il s'est avéré qu'avant une température de 500°C, l'aluminium était encore très présent en surface. A partir de 500°C, l'aluminium ayant tendance à diffuser dans l'oxyde de silicium, nous sommes partis de l'hypothèse que le matériau obtenu était de type AlSi$_x$O$_y$. Nous avons alors décidé d'étudier l'influence du temps de recuit à 500°C. Nous avons donc procédé à plusieurs temps de recuit (1, 2, 5, 10, 15 et 30 minutes) et nous avons fait faire une analyse ionique SIMS (pour *Secondary Ions Mass Spectrometry*) au département Physique de l'INSA de Toulouse. Nous avons décidé d'observer les ions de Si, Al et O. L'analyse SIMS nous donne le nombre de coup par unité de surface ([C/S]) d'un élément en fonction du temps d'attaque. Nous avons alors des valeurs quantitatives pour le [C/S] que nous ne pouvons pas relier à une concentration. Le temps d'attaque dépend de l'élément chimique attaqué et comme nous connaissons les épaisseurs des couches d'aluminium et d'oxyde de silicium, nous pouvons remonter au temps d'attaque de ces deux éléments. Toutes les courbes provenant du SIMS se trouvent en annexe (voir *Annexes : Courbes de l'analyse SIMS*). Les courbes du graphique de la figure 2.43 représentent le résultat du SIMS pour l'échantillon recuit à 500°C durant 10 minutes.

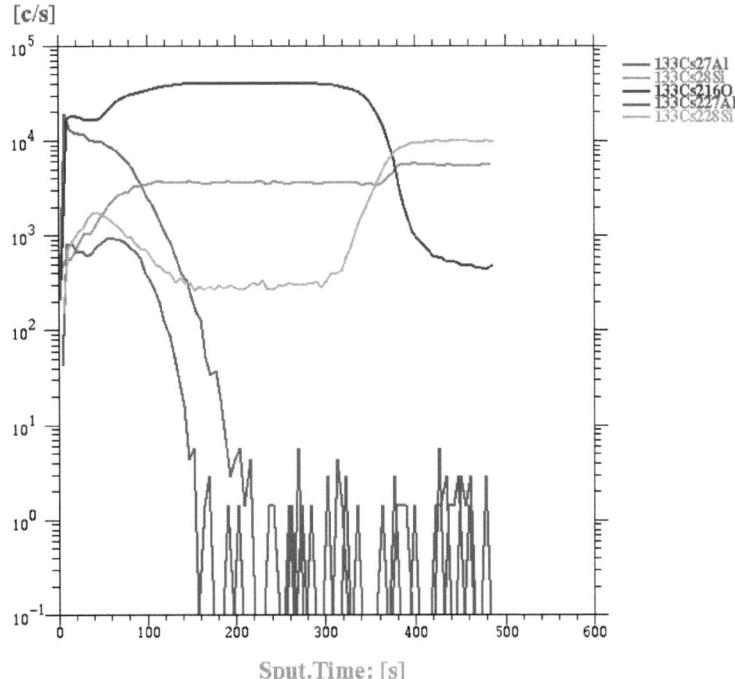

Figure 2.43 : Courbes de l'analyse SIMS pour l'échantillon recuit à 500°C durant 10 minutes

Les courbes rouge et rose représentent les profils d'aluminium avec deux types de Césium (Cs et Cs$_2$+), les courbes verte et cyan celles du silicium dans les mêmes éléments que précédemment et la bleu celle de l'oxygène. Dans notre cas, les courbes faites en Cs$_2$+ ne nous apportent pas d'informations majeures sur nos profils. Les courbes faites en Cs, nous montre que nous avons en surface, la présence d'un matériau de type AlSi$_x$O$_y$. De plus, nous avons un matériau bicouche de type AlSi$_x$O$_y$ / SiO$_2$. En recoupant les temps d'attaque des éléments chimiques avec l'épaisseur des éléments présents sur la plaquette, nous avons déterminé les différentes épaisseurs pour les différents temps de recuits. Les valeurs sont reprises dans le tableau 2.2.

Temps de recuit	1 min	2 min	5 min	10 min	15 min	30 min
Epaisseur Al	10 nm	10 nm	/	/	/	/
Epaisseur AlSixOy	/	/	24 nm	37 nm	62 nm	64 nm
Epaisseur SiO$_2$	100 nm	100 nm	81 nm	68 nm	46 nm	44 nm

Tableau 2.2 : Tableau des épaisseurs des différentes couches en fonction du temps de recuit, données par l'étude du SIMS

En parallèle des mesures SIMS, nous avons fait des mesures ellipsométriques aux infrarouges (830nm) des échantillons après attaque totale de l'aluminium. Nous avons pour ces mesures, recherché une bicouche de AlSi$_x$O$_y$ / SiO$_2$ avec un indice de optique compris entre 1,75 pour AlSi$_x$O$_y$ (valeur de l'Alumine Al2O3 [HAND 02]) et de 1,45 (valeur du SiO$_2$).

Ces deux couches ont respectivement une épaisseur e_1 et e_2, sachant que le SIMS nous montre que $e_1+e_2=105nm$. A partir de cela, nous avons pu déterminer les épaisseurs et les indices des différentes couches présentes. Les résultats sont donnés dans le tableau 2.3.

Temps de recuit	1 min	2 min	5 min	10 min	15 min	30 min
Epaisseur Al	10 nm	10 nm	/	/	/	/
Epaisseur (e_1) AlSixOy	2,5 nm	5 nm	15 nm	40 nm	55 nm	70 nm
Epaisseur (e_2) SiO2	100 nm	100 nm	90 nm	65 nm	55 nm	35 nm
Indice n du AlSixOy	1,75	1,75	1,75	1,725	1,7	1,675

Tableau 2.3 : Tableau des épaisseurs des différentes couches et de l'indice du $AlSi_xO_y$ en fonction du temps de recuit, donnés par les mesures ellipsométriques

Nous avons fait le même type de mesures sur les échantillons recuits à différentes températures. En utilisant la même méthode que précédemment, nous avons obtenu les mesures présentées dans le tableau 2.4.

Température	Non Recuit	400°C	450°C	500°C	550°C	600°C
Epaisseur Al	10nm	10 nm	10 nm	/	/	/
Epaisseur (e1) AlSixOy	/	0,5 nm	2,5 nm	60 nm	105nm	105 nm
Epaisseur (e2) SiO2	100 nm	100 nm	100 nm	45 nm	/	/
Indice n du AlSixOy	/	1,75	1,75	1,65	1,55	1,5

Tableau 2.4 : Tableau des épaisseurs des différentes couches et de l'indice $AlSi_xO_y$ en fonction de la température de recuit donnés par les mesures ellipsométrique

Pour valider notre démarche, nous avons fait faire une étude SIMS de ces derniers échantillons pour corroborer nos hypothèses sur notre matériau. Cette étude SIMS, qui se trouve comme la précédente en annexe (voir *Annexes : Courbes de l'analyse SIMS*), valide notre étude et le fait que nous sommes en présence d'un matériau de type $AlSi_xO_y$ dont la stœchiométrie varie en fonction de la température et du temps de recuit.

Nous avons ensuite voulu faire l'étude stœchiométrique théorique du matériau $AlSi_xO_y$ mais pour faciliter cette étude, nous avons étudié le matériau Si_xAl_YO. Ce matériau peut être considéré comme un mélange hétérogène constitué de silice SiO_2 (milieu A) et d'alumine Al_2O_3 (milieu B).

Propriétés de SiO_2:
- $[Si]_{SiO2} \approx 2,25 \cdot 10^{22}$ at/cm^3
- $[O]_{SiO2} \approx 4,5 \cdot 10^{22}$ at/cm^3
- $n_{SiO2} = n_A \approx 1,45$ à 830nm

Propriétés de Al_2O_3:
- $[Al]_{Al2O3} \approx 4,7 \cdot 10^{22}$ at/cm^3
- $[O]_{Al2O3} \approx 7,0 \cdot 10^{22}$ at/cm^3
- $n_{Al2O3} = n_B \approx 1,75$ à 830nm

Le mélange hétérogène Si_XAl_YO peut être caractérisé par ses fractions volumiques en silice et en alumine respectivement notées f_A et f_B ($f_A + f_B = 1$) D'après le modèle du milieu effectif et l'équation de Bruggeman, il est possible d'écrire [DEHA 95]:

$$f_A \frac{n_A^2 - n^2}{n_A^2 + 2n^2} + f_B \frac{n_B^2 - n^2}{n_B^2 + 2n^2} = 0 \qquad (2)$$

Il est ainsi possible de définir les valeurs de f_A et f_B en fonction de l'indice de réfraction n du milieu effectif Si_XAl_YO (mesuré par ellipsométrie).

$$f_{SiO2} = f_A = \frac{2n^4 + n^2(n_A^2 - 2n_B^2) - n_A^2 n_B^2}{3n^2(n_A^2 - n_B^2)} \qquad (3)$$

$$f_{Al2O3} = f_B = \frac{2n^4 + n^2(n_B^2 - 2n_A^2) - n_B^2 n_A^2}{3n^2(n_B^2 - n_A^2)} \qquad (4)$$

Finalement, la stœchiométrie Si_XAl_YO sera donnée par:

$$rapport\ Si/O = X = \frac{f_{SiO2}[Si]_{SiO2}}{f_{SiO2}[O]_{SiO2} + f_{Al2O3}[O]_{Al2O3}} \qquad (5)$$

$$rapport\ Al/O = Y = \frac{f_{Al2O3}[Al]_{Al2O3}}{f_{SiO2}[O]_{SiO2} + f_{Al2O3}[O]_{Al2O3}} \qquad (6)$$

<u>Note:</u> par construction, X et Y sont liés par la relation: $Y = -\frac{2}{3}(2X - 1)$

En traçant X et Y, on obtient les courbes représentées figure 2.44. La vérification liant X et Y est également tracée mais diffère peu de la courbe de Y.

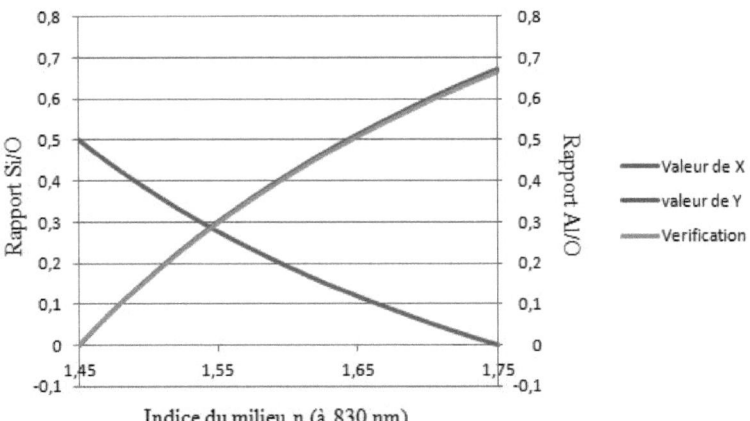

Figure 2.44 : Courbes représentant la stœchiométrie du matériau Si_XAl_YO

Le passage de la stœchiométrie Si_XAl_YO à la stœchiométrie $AlSi_xO_y$ se traduit par les équations suivantes:

$$X = \frac{x}{y} \qquad ou: \qquad x = \frac{X}{Y}$$

$$Y = \frac{1}{y} \quad \text{ou:} \quad y = \frac{1}{Y}$$

Exemple: Dans le cas de l'aluminosilicate, la stœchiométrie $AlSi_3O_8$ correspond à $AlSi_3O_{15/2}$
$x = 3 \Leftrightarrow y = \frac{15}{2}$ (Stœchiométrie: $AlSi_3O_{15/2} \approx AlSi_3O_8$) soit: $X = \frac{6}{15} \Leftrightarrow Y = \frac{2}{15}$

En utilisant l'étude faite précédemment, nous avons évalué la stœchiométrie des deux couches qui composent le matériau en fonction du temps de recuit. Leurs stœchiométries ainsi que les épaisseurs des différentes couches sont reprises dans le tableau 2.5. Pour garder une stœchiométrie type Al_2O_3 et avoir la plus grande épaisseur de couche de ce matériau, un temps de recuit compris entre 5 et 10 minutes parait nécessaire. Par la suite, dans notre procédé, nous avons choisi une valeur de 7,5 minutes.

Temps de recuit (500°C)	1min	2min	5min	10min	15min	30min
Stœchiométrie 1ère couche	Al_2O_3	Al_2O_3	Al_2O_3	$AlSi_{0,04}O_{1,57}$	$AlSi_{0,1}O_{1,68}$	$AlSi_{0,23}O_{1,95}$
Epaisseur (nm)	2,5	5	15	40	55	70
Stœchiométrie 2ème couche	SiO_2	SiO_2	SiO_2	SiO_2	SiO_2	SiO_2
Epaisseur (nm)	100	100	90	65	50	35

Tableau 2.5 : Tableau la stœchiométrie des deux couches et de leurs épaisseurs en fonction du temps de recuit, données par l'étude de l'$AlSi_xO_y$

2. Modification du process *NeuroFETs* vers le process *ISFETs*

Après avoir caractérisé notre matériau, nous avons modifié le process ISFETs pour y incorporer notre couche sensible. Les étapes de 1 à 13 restent inchangées. Les modifications des étapes suivantes sont présentées par la suite.

Etape 14 : Oxydation de grille

Contrairement au process NeuroFETs, l'oxyde de grille doit être plus important car il n'y a pas de nitrure par-dessus pour isoler du milieu liquide. Cet oxyde de grille (figure 2.45) est réalisé par oxydation thermique du silicium. C'est une oxydation sèche qui assure la croissance d'une mince couche d'oxyde de bonne qualité. Le profil thermique de cette étape a été optimisé pour obtenir une épaisseur d'oxyde de 100nm (figure 2.46).

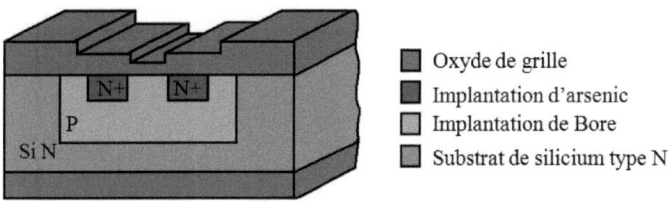

Figure 2.45 : Illustration de l'oxydation de grille

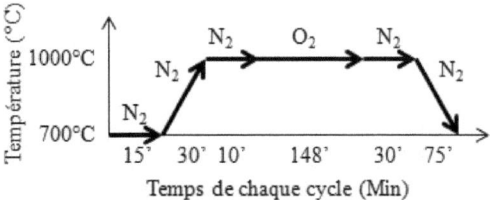

Figure 2.46: Cycle thermique de l'oxydation de grille

<u>Etape 15 (1)</u> : Photolithographie des zones sensibles (Masque *Pistes*)

Cette photolithographie permet de délimiter les zones qui seront sensibles aux ions Na^+ et K^+, c'est-à-dire les grilles de nos ISFETs. Pour cela, nous utilisons le masque *Pistes* du process NeuroFETs, nous permettant ainsi de métalliser les grilles (figure 2.47). Ce masque délimite également les pistes électriques. Par conséquent, il y aura une couche sensible sous les pistes, mais cela ne pose pas de problèmes puisqu'elles seront recouvertes par la suite de titane/or. Les étapes de photolithographie sont les mêmes que pour l'étape 3.

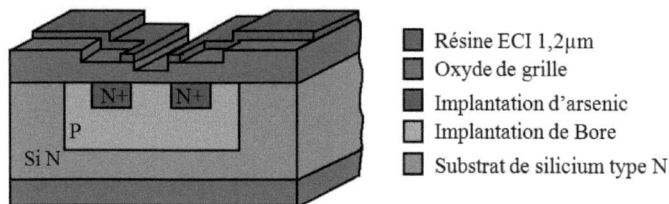

Figure 2.47: Illustration de la photolithographie des futures zones sensibles Na^+ et K^+

<u>Etape 15 (2)</u> : Dépôt d'aluminium

Une couche d'aluminium (Al) est ensuite déposée sur l'ensemble du substrat. Cette couche mesure 10nm d'épaisseur.

<u>Etape 15 (3)</u> : *Lift-off* de l'aluminium

La technique du *Lift-off* est expliquée plus en détail à l'étape 20 du process NeuroFETs. Grâce à cette technique, nous obtenons de l'aluminium uniquement aux endroits désirés (figure 2.48).

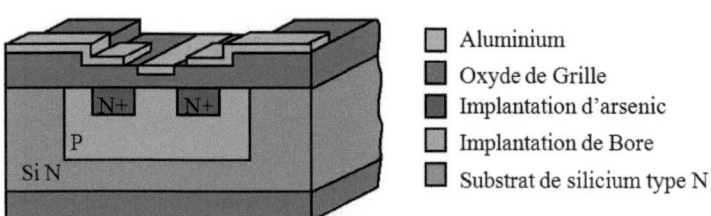

Figure 2.48 : Illustration de la gravure des contacts

Etape 16 (1) : Recuit RTA

Le recuit RTA est un recuit rapide qui dans notre cas, permet de faire diffuser l'aluminium dans l'oxyde (figure 2.49). L'étude sur le matériau de type $AlSi_xO_y$, nous a permis de déterminer le temps et la température adéquate pour obtenir la bonne épaisseur et la bonne stœchiométrie de notre matériau. Nous avons donc recuit notre aluminium à 500°C durant 7,5 minutes. Le cycle thermique pour la diffusion de l'aluminium dans l'oxyde est représenté figure 2.50.

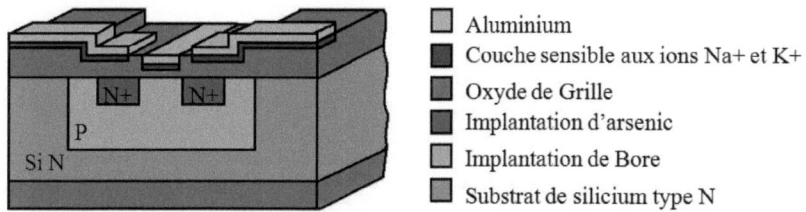

Figure 2.49 : Illustration de la diffusion de l'aluminium dans l'oxyde après RTA

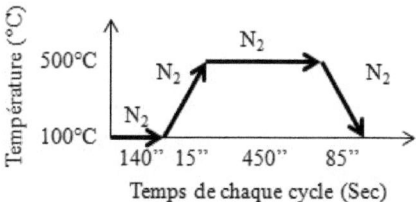

Figure 2.50: Cycle thermique du RTA pour la diffusion de l'aluminium

Etape 16 (2) : Attaque aluminium

Après le recuit, l'aluminium est enlevé à l'aide d'une solution composée d'acide phosphorique (H_3PO_4), d'eau (H_2O) et d'acide nitrique (HNO_3). Cette solution ne dégrade en rien la surface de l'oxyde de silicium présent sur l'ensemble de la plaque et est sélectif avec l'aluminosilicate et l'alumine présent en surface.

Etape 17 (1) : Photolithographie de l'ouverture des contacts (Masque *Contacts*)

Cette photolithographie permet de délimiter la zone de prise des contacts de la source, du drain et du caisson du composant (figure 2.51). Les étapes de photolithographie sont les mêmes que pour l'étape 3.

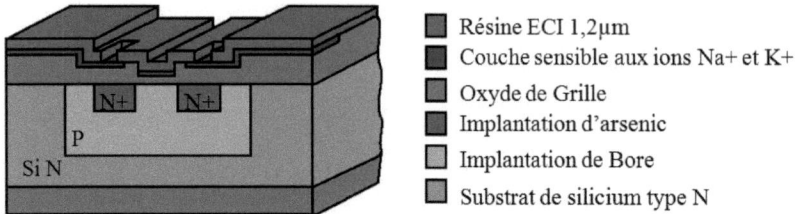

Figure 2.51: Illustration de la photolithographie de l'ouverture des contacts

Etape 17 (2) : Gravure des ouvertures de contacts

Contrairement à l'ouverture de contact du process NeuroFETs, la gravure *RIE* n'est pas nécessaire car il n'y a que de l'oxyde de silicium en surface. Une seule attaque HF permet de graver la couche l'aluminosilicate ainsi que l'oxyde en dessous. Nous avons donc les deux séquences suivantes :

- Gravure chimique de l'oxyde au buffer HF durant 7 minutes
- Nettoyage résine à l'acétone et rinçage des substrats à l'EDI

Suite du process :

Le process ISFETs reprend ensuite normalement à l'étape 18 du process NeuroFETs à l'exception près que l'on utilisera le masque *Pistes ISFETs* pour le dessin des pistes électriques qui au contraire du masque *Pistes* du process NeuroFETs, ne métallisent pas les grilles des transistors (figure 2.52). Une fois les composants réalisés, la zone active des puces ressemble à la photographie de la figure 2.53

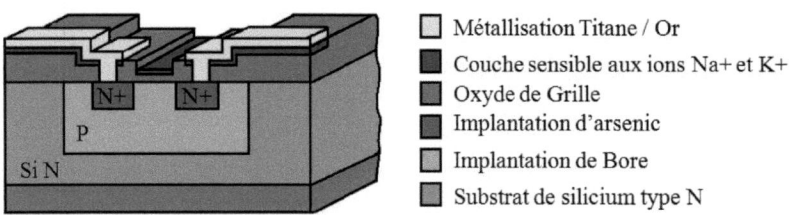

Figure 2.52 : Illustration de la métallisation

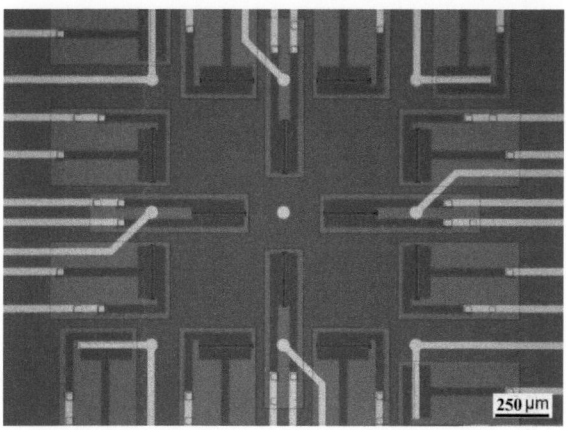

Figure 2.53 : Photographie de la zone active d'une puce ISFET sensible Na^+ et K^+

Conclusion

Dans ce chapitre, après avoir défini le cahier des charges, nous avons étudié et adapté la technologie ISFET pour obtenir un procédé permettant de réaliser des capteurs adaptés à notre objectif et que nous avons baptisé NeuroFET. Nous avons également présenté la réalisation des différents masques servant aux différentes étapes de photolithographie.

Les 21 étapes technologiques qui composent la fabrication des puces NeuroFETs ont été ensuite détaillées. Une fois les composants réalisés, ceux-ci ont été caractérisés électriquement.

Une dernière partie est consacrée à l'étude d'un ISFET et de sa couche sensible aux ions potassium et sodium. Cette étude a permis d'obtenir, avec une méthode simple de fabrication, une couche d'alumine la plus épaisse possible. Le procédé technologique ISFET a ensuite été modifié pour incorporer les étapes de réalisation de cette couche sensible. Pour finir, les ISFETs sensibles aux ions potassium et sodium ont été réalisés au sein de la centrale technologique du LAAS-CNRS.

Références:

[BACC 95] Z.M. Baccar, N. Jaffrezic-Renault, C. Martelet, H. Jaffrezic, G. Marest and A. Plantier, *Sensors and Actuators B : Chemical*, Vol. 32, pp. 101-105 (1995).

[CHEN 03] J-C. Chen, J-C. Chou, T-P. Sun and S-K. Hsiung, *Sensors and Actuators B: Chemical*, Vol. 91, pp. 180-186 (2003).

[CHOI 12] J. Choi, H.H. Lee, J. Ahn, S-H. Seo and J-K. Shin, *Japanese Journal of Applied Physics*, Vol. 51, pp. 06PG05 (2012).

[DEHA 95] E. Dehan, P. Temple-Boyer, R. Henda, J.J. Pedroviejo and E. Scheid, *Thin Solid Films*, Vol. 266, pp. 14-19 (1995).

[FROM 01] M. Jenkner, B. Müller and P. Fromhez, *Biological Cybernetics*, Vol. 84, pp. 239-249 (2001).

[FROM 03] P. Fromherz, *Nanoelectronics and Information Technology*, pp. 781-810 (2003).

[HAND 02] Wiley-VCH, *Handbook of Porous Solids*, Vol. 3 (2002).

[HUME 05] I. Humenyuk, thèse de doctorat à l'Institut National des Sciences Appliquées de Toulouse : Développement des Microcapteurs chimiques ChemFETs pour l'analyse de l'eau (2005).

[SANT 01] W. Sant, these de doctorat à l'Université Paul Sabatier: développement des microcapteurs chimiques ChemFETs pour des applications à l'hémodialyse (2001).

[SHIN 03] P-K. Shin and T. Mikolajick, *Applied Surface Science*, Vol. 207, pp. 351-358 (2003).

[TEMP 00] B. Hajji, P. Temple-Boyer, J. Launay, T. Do Conto and A. Martinez, *Microelectronics Reliability*, Vol. 40, n°4, pp. 783-786 (2000).

[TEMP 06] I. Humenyuk, B. Torbiéro, S. Assié-Souleille, R. Colin, X. Dollat, B. Franc, A. Martinez and P. Temple-Boyer, *Microelectronics Journal*, Vol. 37, n°6, pp. 475-479 (2006).

[VLAS 81] Y.G. Vlasov and A.V. Bratov, *Soviet Electrochemistry*, Vol. 17, n°4, pp. 493-496 (1981).

Chapitre III

Introduction

Après fabrication et validation des dispositifs faisant l'objet de cette thèse (NeuroFETs), nous devons fonctionnaliser la surface des puces pour isoler les pistes électriques de la zone sensible submergée de liquide spécifique à la culture neuronale. Nous profitons également de cette fonctionnalisation pour définir des zones spécifiques à l'accueil des neurones mais également des chemins qui orienteront la croissance des bras des neurones vers les NeuroFETs. Il existe d'autres manières de fonctionnaliser les NeuroFETs pour obtenir le même résultat, comme le dépôt chimique [ROUP 12] ou bien par dépôt de matériaux [BEDU 12] par exemple, mais nous nous sommes intéressés uniquement à la méthode de contrainte mécanique. Pour ce faire, nous avons choisi d'utiliser une résine photosensible négative, couramment utilisée dans la fabrication de microsystèmes, appelée SU-8. Ce chapitre détaille les différentes étapes de la première culture cellulaire sur une simple couche de résine SU-8, en passant par les différentes techniques de fonctionnalisation, pour finir avec l'orientation neuronale. Tous les tests avec des neurones ont été réalisés à l'Institut de la Vision à Paris, dans l'équipe de Serge Picaud avec l'aide d'Amel Bendali.

I. Culture neuronale sur SU-8

Les premiers tests de culture neuronale sur SU-8 nous ont permis de mettre à jour un certains nombres de problèmes. Dans cette partie, nous décrirons les protocoles et la réalisation de ces premiers tests et les résultats obtenus. Nous traiterons ensuite une des difficultés importantes révélée par les premiers tests.

1. Premiers tests de culture neuronale sur SU-8

a) <u>Conception de la première puce avec SU-8</u> :

Les premiers tests de cultures neuronales ont été réalisés à l'Institut de la vision à Paris avec Amel Bendali en parallèle de la réalisation des NeuroFETs au LAAS-CNRS. Nous avons donc réalisé les couches qui seraient en contact direct avec les neurones, c'est à dire la métallisation Ti/Au et la couche de SU-8 de 50µm d'épaisseur sur un substrat de silicium recouvert de 50nm de Si_3N_4 (figure 3.1). La métallisation reproduit les mêmes motifs que ceux présents sur les NeuroFETs. De la même manière que P. Fromherz et al. [FROM 02 ; FROM 05], nous avons imagé une architecture de confinement de neurones sur les zones actives de la puce NeuroFETs en utilisant la SU-8. Dans notre première approche, nous voulions avoir 9 zones de réception pour soma de 50µm de diamètre (conformément au cahier des charges), interconnectées par des canaux de 10µm de large pour la croissance des axones. L'objectif de ce choix est d'avoir des axones qui se développent le long des grilles des NeuroFETs symbolisés par la métallisation.

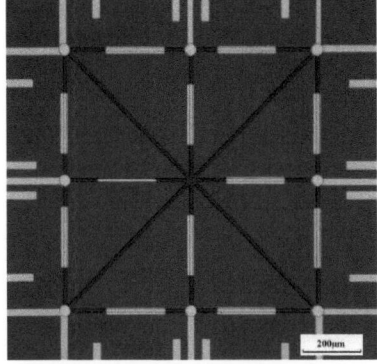

Figure 3.1 : Photographie d'une puce utilisée lors des premiers tests de culture neuronale sur SU-8

b) Obtention des neurones de rétines de rats :

Les neurones utilisés à l'Institut de la Vision à Paris proviennent de rétines de jeunes rats (7 jours). Pour prélever les rétines du rat, l'animal est d'abord endormi à l'aide d'une boite à oxygène, puis tué par dislocation cervicale. Les yeux sont prélevés de leurs orbites avant de sectionner le nerf optique à l'aide d'un ciseau de dissection puis placés dans une solution de Phosphate Buffer Saline (PBS) contenant 1g/L de glucose (PBS-glucose; Invitrogen, Carlsbad, CA, USA). Les yeux sont ensuite sectionnés pour récupérer la rétine de chaque œil. La rétine est incubée dans le même milieu après ajout de 33UI/mL de papaïne, enzyme qui dégrade les protéines (Worthington, Lakewood, NJ, USA) et 200 UI/mL de DésoxyriboNucléase, enzyme qui dégrade l'ADN (DNase ; Sigma, St-Louis, MO, USA) durant 30 minutes à 37°C. Les rétines sont rincées au PBS-glucose, contenant 0,15% d'ovomucoide (Roche Diagnosis, Basel, Switzerland) et 0,15% d'Albumine de Sérum Bovin (BSA; Sigma). Le protocole pour récupérer les cellules ganglionnaires à partir de la rétine de rat est illustré figure 3.2. Les tissus obtenus sont ensuite broyés dans une solution de PBS-glucose avec un supplément 333UI/mL de DNAse et des anticorps lapin anti-rat (~5mg/ml; Accurate Chemical & Scientific Corporation, Westbury, NY, USA) en trois étapes, utilisant trois types de pipettes avec des diamètres dégressifs. La solution est centrifugée à 115g durant 13 minutes à température ambiante. Le surnageant est enlevé et du PBS-glucose, contenant 1% d'ovomucoide et 1% BSA est ajouté. Après une seconde centrifugation (115g, 13min), les cellules sont mises dans du PBS-glucose,

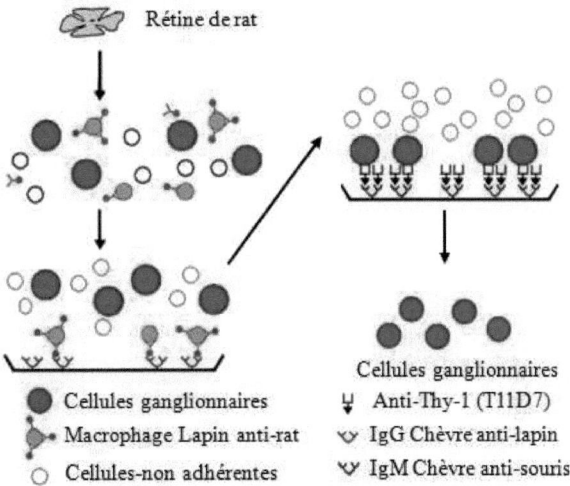

Figure 3.2 : Illustration du protocole de récupération de cellules ganglionnaires de la rétine de rat

contenant 0,02% de BSA. La solution est alors filtrée à l'aide d'un filtre Sefar Nitrex (48µm, Dutscher, Brumath, France) et incubée dans une boite de Pétri (Ø 150mm), préalablement enduit de IgG de Chèvre anti-lapin (Jackson Immunoresearch, West Grove, PA, USA), durant 36 minutes à température ambiante. Après avoir agité vigoureusement, les cellules en suspension sont mises dans une deuxième boite de Pétri (Ø 150mm), préalablement enduit du même anticorps et incubées durant 33 minutes. Après une agitation à la main, les cellules en suspension sont transférées dans une boite de Pétri (Ø 100mm) fonctionnalisée successivement avec l' IgM de Chèvre anti-souris (Jackson Immunoresearch, West Grove, PA, USA) et de l'anticorps de souris anti-Thy-1 antibody, préparée dans les laboratoires de l'Institut de la Vision à partir de la lignée cellulaire hybride T11D7 (ATCC, Manassas, VA, USA). Après 45 minutes d'incubation, la boite de Pétri est lavée 10 fois avec du PBS-glucose. Les cellules adhérentes qui restent dans la boite sont les cellules ganglionnaires de rétines de rats sélectionnées par l'anticorps de souris anti-Thy-1. Les cellules sont incubées avec du

Earle's Balanced Salts Solution (EBSS; Sigma) contenant 0,125% de trypsine (Sigma) durant 10 minutes à 37°C, sous atmosphère contrôlée (5% CO2). L'action de la trypsine est ensuite bloquée en ajoutant du PBS-glucose contenant 30% de sérum bovin fœtal inactive (FBS; Invitrogen) dans la solution d'Earle. Les cellules sont détachées par un flux de successif d'environs 10 jets de pipettes de solution d'Earle et PBS puis centrifugées à 115g durant 15 minutes. Les cellules ganglionnaires sont alors mises dans un milieu de Neurobasal-A (Invitrogen) avec un supplément de 2mM de L-glutamine (Invitrogen) et du facteur de croissance (BDNF, CNTF, SATO, transferrine, putrescine, progestérone, sélénium, triiodothyronine, insuline, forskoline, N-acétyle cystéine, sodium pyruvate). Finalement, les cellules sont ensemencées dans 48 puits pour une densité initiale 2×10^4 cellules/puits. Les premières puces fabriquées au LAAS-CNRS sont recouvertes de poly-D-lysine ($2\mu g/cm^2$ durant 45 minutes; Sigma) puis laminine ($1\mu g/cm^2$; Sigma), successivement de manière à favoriser la fixation des cellules ganglionnaires. Nous procédons ensuite à la culture des cellules ganglionnaires de rétines de rats dans un incubateur saturé en H_2O à 37°C avec 5% de CO_2, durant 3 jours *in vitro*.

c) <u>Résultats expérimentaux</u> :

Nous avons examiné les puces recouvertes de cellules ganglionnaires au microscope optique. Nous avons constaté dès la première observation que les cellules ganglionnaires ne s'étaient pas différenciées en neurones. La seconde observation était qu'une grande partie des cellules flottaient à la surface du milieu de culture ou avait sédimentée soit au fond des canaux, soit sur la couche de passivation en SU-8 (figure 3.3) sans accroche évidente. Suspectant une mort cellulaire, nous avons observé les cellules à l'aide d'un microscope à fluorescence (Leica DM 5000B) après avoir marqué celles-ci au préalable avec une solution marquante « morte ou vivante » (Invitrogen). Cette solution possède deux marqueurs. La calcéine AM qui est liée à l'activité intracellulaire, la réaction se fait quand la cellule est vivante. Les cellules sont alors détectées en vert sous fluorescence (excitation : 495nm, émission : 515 nm). Le second est l'éthidium D1 qui est perméable aux cellules mortes ou altérées, il réagit avec les acides nucléiques. Lorsqu'il est excité sous

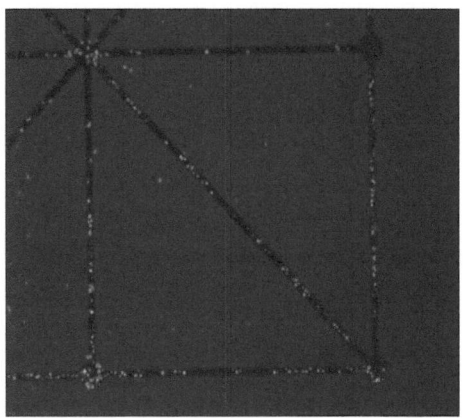

Figure 3.3 : Photographie par fluorescence des cellules ganglionnaires de rat sur canaux de SU-8

fluorescence, les cellules sont détectées en rouge (excitation : 495nm, émission : 635 nm). Ce test nous a confirmé qu'il n'y avait pas de cellules vivantes. Il y avait deux possibilités de cause de mort des cellules, soit le substrat (Ti/Au sur Si_3N_4), soit la passivation de SU-8 de 50µm d'épaisseur était cytotoxique puisque les témoins dans les boites de Pétri montraient des neurones vivants. De plus, ces tests nous ont également montré que les cellules ganglionnaires, du diamètre d'environ 5µm, allaient dans les canaux réservés aux axones (10µm de large) et il a fallu procéder à l'identification de la cause exacte de mort cellulaire, problématique traitée dans la section suivante.

2. Biocompatibilité de la SU-8

Au LAAS-CNRS, nous ne disposions pas de culture primaire (cellules provenant directement de l'animal). Nous avons donc commencé nos tests avec des cellules qui étaient moins sensibles à la toxicité de l'environnement : les fibroblastes. Un fibroblaste est une cellule de morphologie fusiforme ou étoilée, longue de 20 à 30µm et large de 5 à 10µm que l'on peut apparenter à un neurone au niveau géométrique. Nous avons donc refait le test précédent mais en utilisant cette fois des fibroblastes (figure 3.4) à la place des cellules ganglionnaires de rétines de rats. Ce test a clairement révélé que les fibroblastes poussaient sur le nitrure de silicium (Si_3N_4) ou sur la métallisation (Ti/Au) tandis qu'elles ne survivaient pas sur la SU-8. Nous en avons déduit que la cause de la mortalité des cellules ganglionnaires était due à une toxicité provenant de la SU-8. Malgré un nombre considérable d'études attestant de la cytophilie de la SU-8, sans toutefois préciser les conditions expérimentales d'usage

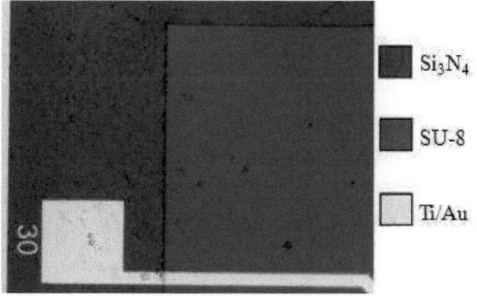

Figure 3.4 : Photographie de culture de fibroblastes sans traitement sur SU-8 et Si_3N_4

de cette résine, nous avons dû procéder à un certain nombre de traitements physiques et chimiques, permettant de changer des propriétés de la SU-8 de cytophobe à cytophile [VERN 08]. A l'aide de Charline Blatché, du service Instrumentation Conception et Caractérisation (I2C) du LAAS-CNRS chargée de la partie « culture cellulaire », nous avons procédé à des tests de culture cellulaire avec des PC12, lignée cellulaire de phéochromocytome de rat. Une lignée cellulaire est une population homogène de cellules et ayant en théorie une capacité illimitée de division. Nous avons choisi cette lignée cellulaire car son usage, plus aisé que celui des cellules en culture primaire, nous permet une mise en culture plus facile. De plus, les PC12 ont un comportement de développement similaire aux neurones utilisés précédemment. Nous avons fait de nombreux tests avec les PC12 en soumettant la SU-8 à des traitements différents et nous avons convergé vers le protocole suivant :

- Ré-insolation de la SU-8 pendant 30 secondes afin de réticuler toute la SU-8,
- Nettoyage de la SU-8 au développeur SU-8 durant 30 minutes afin d'enlever toutes traces de SU-8 et de solvant,
- Recuit thermique durant 3 jours à 150°C pour que les traces de solvant prises dans la SU-8 puissent dégazer à l'extérieur de la résine,
- Plasma oxygène de 30 secondes à 200W pour rendre la surface de la SU-8 hydrophile.

Au final, grâce aux traitements précédents, nous avons réussi à faire une culture de PC12 sur des puces avec SU-8. La photo de la figure 3.5 montre une zone de puce avec des motifs en SU-8 recouverts de cellules PC12 développées donc vivantes. Un test de viabilité à l'aide de bleu de trypan, un colorant des cellules mortes qui agit sur les membranes des cellules endommagées (mortes) et non les cellules intègres (vivantes). Les cellules mortes sont alors colorées en bleu. Ce test nous a montré que peu de cellules étaient mortes. Nous avons ensuite fait le protocole de traitement de la SU-8 sur des puces et nous avons déposé de nouveau à l'Institut de la Vision des cellules ganglionnaires de rétine de rat. Le test a été cette fois concluant car les cellules ganglionnaires s'étaient développées en neurones et avaient formé des neurites (figure 3.6).

Figure 3.5 : Photographie de culture de PC12 après traitement sur SU-8

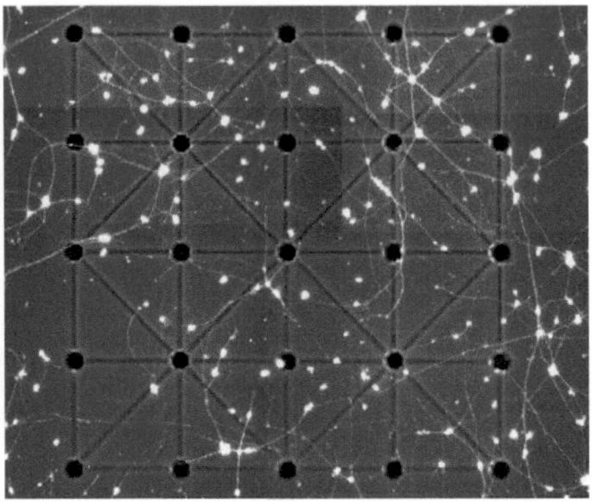

Figure 3.6 : Photographie de culture de cellules ganglionnaires après traitement sur SU-8

II. Du laminage à la SU-8 3D

Pour éviter que les cellules que nous allons utiliser ne se positionnent dans les lignes destinées à la croissance neuronale en les bouchant, nous avons décidé de capoter la puce pour en faire des canaux couverts. Pour se faire, plusieurs méthodes pour réaliser ces canaux couverts ont été étudiées et une technique particulière a été développée. Cette partie explique les deux techniques utilisées.

1. Le laminage

a) <u>Le principe du laminage</u> :

La technique du laminage [ABGR 05; ELGM 10] consiste à reporter une couche de résine photosensible, dans notre cas la SU-8, sur une autre couche utilisée comme support principal. La structure double-couche est ensuite compressée et chauffée entre deux rouleaux pour former une couche unique de SU-8. Cette technique nécessite deux étapes de photolithographie et deux masques. La technique complète est illustrée figure 3.7. La première chose à faire est de créer la couche utilisée comme support principal.

L'étape 1 illustre le dépôt sur un substrat « a », une couche de SU-8 que nous venons ensuite insoler à l'étape 2 pour obtenir des zones de résine non réticulée (étape 3). L'étape 4 permet d'enlever la résine non réticulée à l'aide de développeur SU-8 pour obtenir les motifs de nos canaux. La résine est ensuite recuite pour évacuer toute trace de solvant. Sur un substrat « b », nous déposons par laminage un double film de Polyéthylène Téréphtalate (PET). Sur la surface du PET à l'étape 6, nous venons déposer une couche de résine qui nous servira ensuite de capot. Nous séparons la première couche de PET de la seconde pour obtenir un film de résine illustré à l'étape 7. Nous venons ensuite faire le laminage entre le film de SU-8 et la résine du substrat « a ». Nous insolons le film de SU-8 à travers le PET comme illustré à l'étape 9. Après un recuit à l'étape 10, nous retirons le film de PET sur lequel la résine non réticulée reste accrochée. Un nettoyage au développeur SU-8 est tout de même nécessaire pour enlever la résine non réticulée qui n'est pas partie avec le PET. L'ensemble est recuit une dernière fois. En répétant le protocole de l'étape 5 à l'étape 11, nous pouvons créer une structure multicouche de SU-8 et par conséquent, des réseaux micro-fluidiques plus complexes [publie].

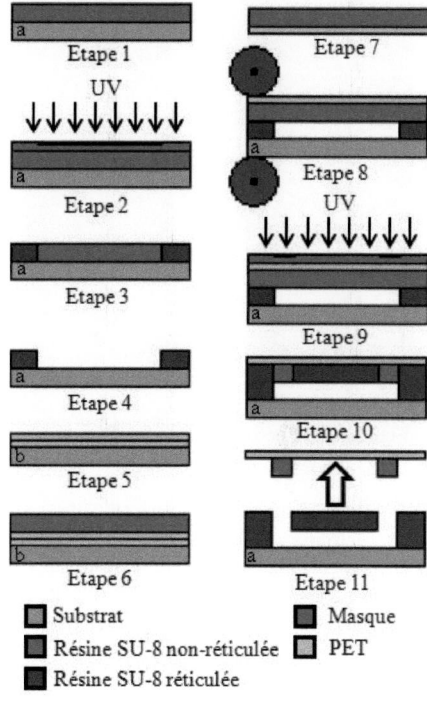

Figure 3.7 : Illustration des différentes étapes de laminage

b) <u>Réalisation de canaux par laminage</u> :

Nous avons réalisé des canaux en SU-8 à l'aide de la technique du laminage. La couche d'accroche de SU-8 formant les canaux présente une épaisseur de 25µm, de même que le capot de SU-8. De ce fait, l'épaisseur totale de la double couche de SU-8 fait 50µm d'épaisseur. Nous respectons ainsi le cahier des charges, présentés au chapitre II, qui imposait cette condition. Le design des motifs de la zone sensible a été modifié par rapport aux premiers tests pour avoir plus de zones de réception de neurones et pour que les canaux soient couverts. Ces deux designs sont illustrés par les deux photos de la figure 3.8.

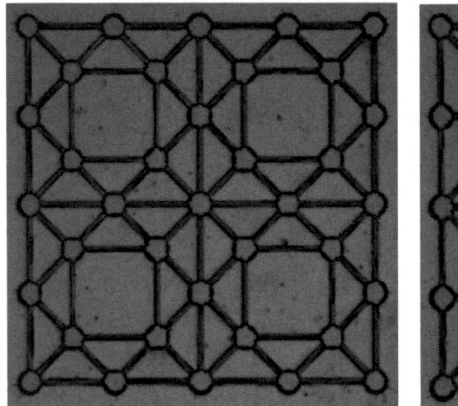 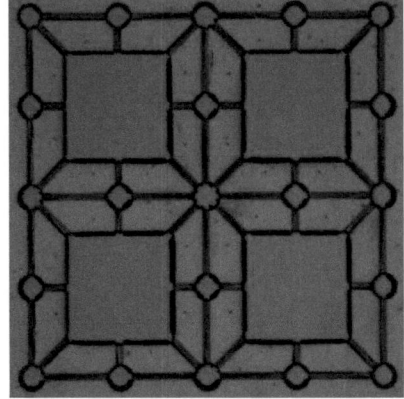

Figure 3.8 : Photographies de deux nouveaux motifs de canaux SU-8 avec la technique du laminage

Lors du recuit de l'étape 10, le PET sous l'effet de la chaleur se dilate légèrement, ce qui entraine un décalage progressif d'alignement de la seconde couche sur la première à partir du centre vers la périphérie du substrat. La photo de la figure 3.9 provient d'une puce située à la périphérie du substrat. On y voit très nettement que la couche laminée est décalée vers le haut par rapport à la couche d'accroche, alors qu'une puce au centre n'a pas de décalage. Pour résoudre ce problème et obtenir les motifs de la figure 3.8, nous avons procédé au recuit de l'étape 10 à température moins élevée pour ne pas contraindre le PET, et plus longtemps pour être sur que la SU-8 soit bien recuite. Ainsi, lorsque nous enlevons le PET il n'y a que de la résine non réticulée qui est retirée. Cependant, comme nous recuisons la résine à basse température, l'état et l'âge de la résine ont une influence sur la reproductibilité de ce protocole. Bien que nous ayons plus ou moins réussi à avoir un protocole stable pour obtenir les canaux en SU-8, nous avons cherché d'autres techniques pour faciliter le process.

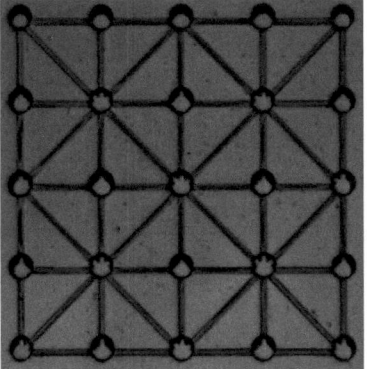

Figure 3.9 : Photographie de décalage de la couche laminée par rapport à celle d'accroche

2. La SU-8 3D

Le laminage n'est pas la seule solution que l'on peut trouver dans la littérature pour fabriquer des canaux couverts en SU-8. Dans cette partie, nous présentons brièvement les différentes techniques de la littérature puis une technique que nous avons développée au LAAS-CNRS.

c) Techniques envisagées :

La littérature fait état de deux autres techniques permettant d'arriver au même objectif, à savoir l'obtention de canaux couverts. La première méthode [HIRA 10] consiste à optimiser les déplacements du masque pour moduler l'exposition aux UV à travers une couche de SU-8. Cette technique a pour avantage de n'utiliser qu'un seul masque et qu'une seule étape de photolithographie, mais nécessite cependant une adaptation technique complexe des équipements de lithographie UV.

La seconde méthode (figure 3.10) est la double insolation [CEYS 05, GAUD 06], déjà utilisée au LAAS-CNRS. A partir d'une couche de résine SU-8 déposée sur un substrat (étape 1), nous venons faire une première insolation à travers un premier masque à une longueur d'onde d'environ 365nm qui insole à travers toute l'épaisseur de la résine (étape 2). Nous venons ensuite faire une seconde insolation à travers un second masque mais à une longueur d'onde d'environ 254nm qui n'insole la résine qu'en surface (étape 3). L'épaisseur est définie en fonction du temps d'insolation. De ce fait, nous avons une même résine insolée deux fois et présentant la forme du canal (étape 4). En la révélant avec le développeur SU-8, nous obtenons des canaux en SU-8 (étape 5). Cette méthode permet

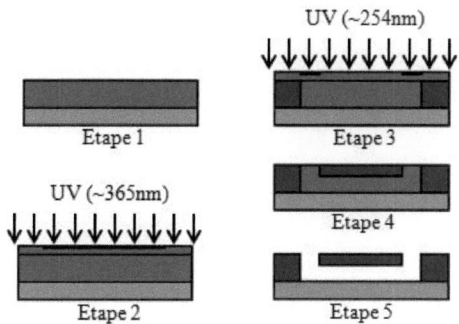

Figure 3.10 : Illustration des différentes étapes de la double insolation

de faire des canaux en un seul dépôt de résine et deux masques. Cependant, le second masque doit être parfaitement aligné avec le premier car contrairement au laminage on ne peut pas vérifier que les motifs soient alignés. Nous aurions pu choisir de développer nos structures micro-fluidiques en SU-8 à l'aide de cette technique de double insolation. Néanmoins, nous avons choisi de profiter des potentialités d'un nouvel équipement technologique installé au LAAS-CNRS : le *stepper*, ceci afin de développer un procédé innovant mono-insolation [LARR 12].

d) Le principe de fonctionnement du *Stepper* :

Le *Stepper* est un instrument de photolithographie utilisé dans la création de circuits intégrés. Le *Stepper* utilisée au LAAS-CNRS est un équipement FPA 300i4 de la compagnie Canon (figure 3.11). Contrairement à la lithographie par contact, dite conventionnelle, le *Stepper* utilise le principe de la photolithographie par projection. Le masque est placé à une distance comprise entre 0.2 et 1 mètre du substrat. Pour rappel, en lithographie dite conventionnelle, le masque est situé entre 0 et 1 millimètre du substrat. De plus, les masques de *Stepper* doivent avoir les motifs à réaliser 5 fois plus grand que ceux désirés sur la puce. Le *Stepper* reproduira ensuite les mêmes motifs sur l'ensemble du substrat. Pour cela, le dispositif de projection utilise une lampe de mercure (Ultra-Violet (UV) à une longueur d'onde constante de 365nm, deux lentilles optiques et un télécentrique (figure 3.12). La première lentille, dite condensatrice, permet d'orienter les rayons lumineux à travers le masque, puis sur la deuxième lentille dite de projection. Celle-ci oriente le faisceau lumineux vers le télécentrique qui est finalement responsable de la focalisation des motifs du masque sur la puce.

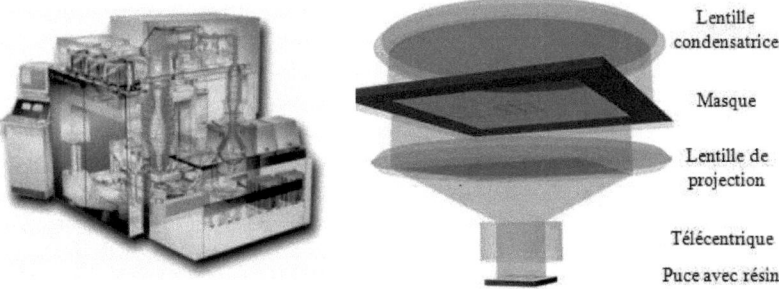

Figure 3.11 : Dessin commercial de l'ensemble du Stepper FPA 3000 i4 de chez Canon

Figure 3.12 : Illustration des principaux composants du Stepper pour la lithographie par projection

La trajectoire des rayons lumineux arrivant sur la puce couverte de résine est illustrée figure 3.13. Un paramètre important du *Stepper* est cette focalisation (F) des rayons convergents. En effet, dans un mode standard d'utilisation pour obtenir des flancs de résine les plus droit possible, la focalisation se fait au milieu de l'épaisseur de la résine, définissant alors une forme de *Diabolo*. C'est à cause de cet effet Diabolo que les flancs de résine épaisse (supérieur à 5µm) ne sont pas totalement droits. Pour illustration, nous avons déposé sur un substrat de silicium, une couche de 10µm de la résine de l'AZ4562, une résine photosensible à polarité positive, et l'avons insolé au *Stepper*. L'image provenant du Microscope à Balayage Electronique (MEB) (figure 3.14) montre cette forme caractéristique provenant de ce que nous avons appelé l'effet *Diabolo*.

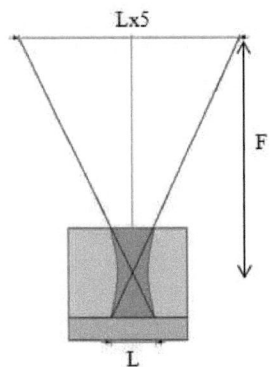 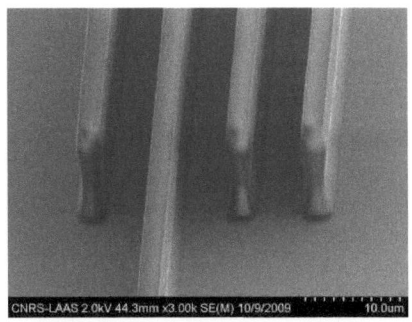

Figure 3.13 : Illustration des trajectoires des rayons lumineux sur puce avec résine

Figure 3.14 : Image MEB de résine AZ4562 insolée à l'aide du Stepper et présentant des flancs avec l'effet *Diabolo*

e) Etude des conditions de réalisation de la SU-8 3D :

Dans le paragraphe précédent, nous étions focalisés au milieu de la résine à insoler, soit une défocalisation (ΔF) nulle (ΔF=0). Le *Stepper* permet cependant de défocaliser le point de convergence des rayons lumineux entre ±50µm de son point de focalisation. Avec l'aide de Laurent Mazenq, Ingénieur de recherche au LAAS-CNRS, nous avons testé ce qui se passerait si l'on se focalisait sur la surface d'une résine AZ4562 et non en son centre (figure 3.15). Nous avons observé grâce au MEB que les lignes n'avaient plus la forme d'un *Diabolo* mais d'une structure en arc brisé (figure 3.16). Il en est ressorti que la défocalisation entrainait une modification de l'architecture des lignes.

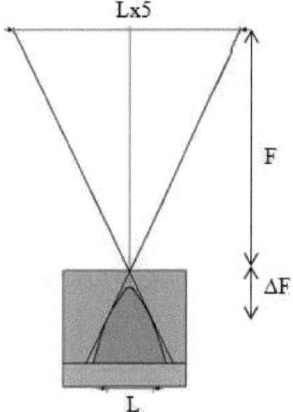

Figure 3.15: Illustration de la défocalisation des rayons lumineux

Figure 3.16 : Image MEB de la résine AZ4562 insolée à l'aide du Stepper et présentant des motifs en arcs brisés dû à la défocalisation

Nous avons trouvé intéressant de reporter cette modification d'architecture et de tester ce que la défocalisation pouvait apporter sur des résines à polarité négative telle que la SU-8. Nous avons créé un réticule avec des lignes de 250µm à 5mm de long, avec des largeurs allant de 1 à 20µm. Toutes les lignes partaient d'une zone commune assez grande pour pouvoir déposer une goutte et se terminaient par un symbole « OK », ceci dans le but de valider la continuité du fluide à travers les canaux en SU-8 3D. Nous avons défini deux types de configurations possibles. Les canaux que l'on appelle « couverts » car ils possèdent une couche de SU-8 comme la technique du laminage et les canaux dit « ouverts » définis par l'absence de résine à leurs bases. Pour être considéré comme un canal bien défini, celui-ci doit être couvert et ouvert. Les canaux avec des largeurs de 12, 10 et 9 µm ont cette double caractéristique. Sur un substrat silicium 6'', nous avons déposé une couche de SU-8 de 50µm d'épaisseur, puis nous l'avons insolée en défocalisant à -25µm. Après développement avec du développeur SU-8 durant 20 minutes, nous l'avons observé au MEB (figure 3.17). Les canaux de 20 et 15µm de large n'étaient pas couverts et formaient des lignes comme dans une utilisation du *Stepper* standard tandis que pour les largeurs de canaux de 7, 5, 3 et 1µm, les canaux n'étaient pas ouverts. Ce test montrait la possibilité de faire des canaux en une seule étape de photolithographie. Nous avons procédé à une étude approfondie des paramètres importants qui influencent la forme canaux.

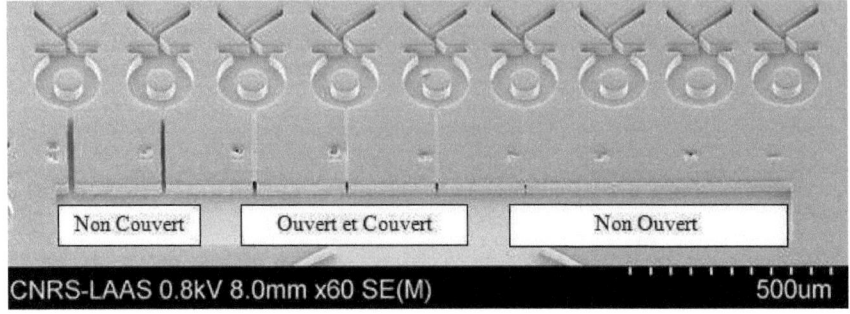

Figure 3.17 : Image MEB des différentes largeurs de canaux sans optimisation des paramètres

Une étude de l'influence du focus a été réalisée sur une résine SU-8 de 50μm d'épaisseur en faisant varier le focus de -45 à -15μm. Nous avons ensuite mesuré les variations de hauteur des canaux ainsi que leurs variations de largeur pour des lignes de 15 et 10μm de large sur le masque (figure 3.18). Nous avons observé que la hauteur des canaux augmente avec le focus et que chaque dimension a son focus critique à partir duquel, les canaux sont non couverts. Pour la largeur, les canaux ont présenté la plus grande largeur autour d'une défocalisation de -27,5μm.

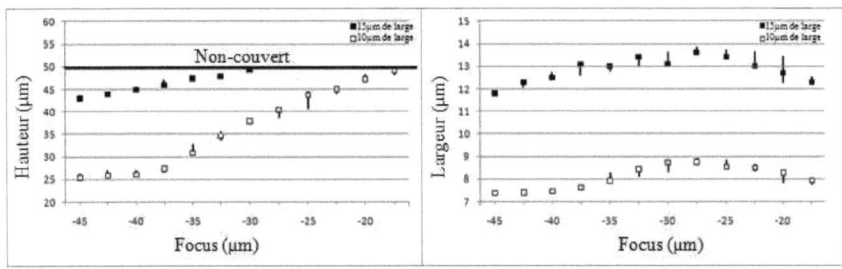

Figure 3.18 : Courbes de la hauteur et de la largeur des lignes de 15 et 10μm de large sur le masque, en fonction de l'influence du focus

Cependant, le focus n'est pas le seul paramètre qui influe sur les dimensions des canaux. En effet, la dose d'exposition a également une influence sur la forme. L'étude précédente a été adaptée en faisant varier cette fois-ci la dose d'exposition entre 950 et 1550 J/m^2 (figure 3.19). Contrairement à l'étude précédente, il y a une dose d'exposition minimale à dépasser pour chaque dimension. Il en est également ressorti que si la dose d'exposition était trop importante, les plus petits canaux étaient bouchés (canaux de 5μm non ouverts pour des expositions supérieures à 1300J/m^2). Par conséquent, nous avons pu déterminer nos paramètres optimaux pour avoir des canaux couverts. Dans le cadre de dimensions comprises entre 5 et 20μm pour une épaisseur de résine de 50μm, nous avons choisi une défocalisation de -30μm pour une dose d'exposition de 1200J/m^2.

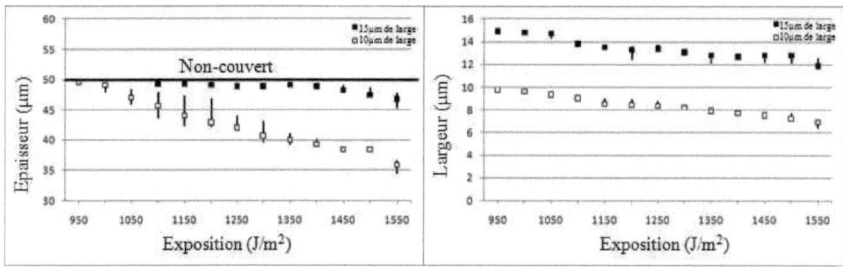

Figure 3.19 : Courbes de la hauteur et de la largeur des lignes de 15 et 10µm de large sur le masque, en fonction de l'influence de la dose d'exposition

f) Réalisation de canaux en SU-8 3D :

L'étude présentée précédemment nous a permis de re-calibrer le process SU-8 3D et ainsi obtenir des canaux couverts de 20 à 5µm de large (figure 3.20). Au final, avec la SU-8, nous avons obtenu le négatif de la même forme d'arcs brisés que l'on avait avec la résine AZ4562 (figure 3.21). Les canaux ont été validés pour quatre épaisseurs de SU-8 : 25, 50, 100 et 200µm.

Figure 3.20 : Image MEB des différentes largeurs de canaux après optimisation des paramètres de focus et de dose d'exposition

La longueur des canaux n'était pas un paramètre important car pour la gamme de largeurs des canaux, soit de 250µm à 5mm, les canaux étaient ouverts. Cependant, le temps de développement a dû être augmenté à 60 minutes pour être certain qu'il n'y ait plus de résine non réticulée à l'intérieur des canaux les plus longs avant le dernier recuit, car celui-ci fixerait la résine et boucherait définitivement les canaux. La forme des lignes n'est pas un problème, car nous avons testé plusieurs formes de canaux, comme le « S » sur 5 mm de long (figure 3.22), et les canaux se sont parfaitement ouverts.

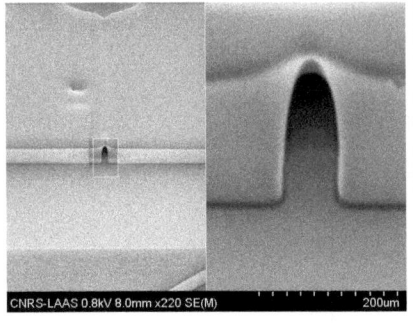 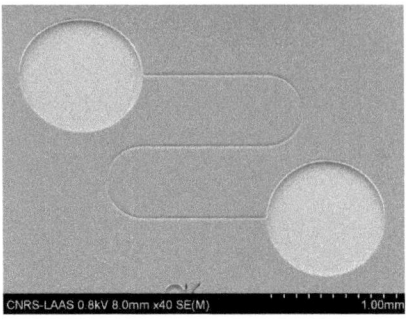

Figure 3.21 : Image MEB d'une forme de canal en SU-8 3D

Figure 3.22 : Image MEB d'un canal en forme de « S » en SU-8 3D

Pour vérifier à chaque fois si les deux conditions de réalisation des canaux (couvert et ouvert) étaient bien respectées, deux tests ont été mis en place. Le premier a été réalisé pour vérifier que le canal soit bien couvert. Après une observation visuelle au microscope, la surface du canal est passée au profilomètre mécanique. Le second test permet de valider que le canal soit bien ouvert sur toute sa longueur. Après un plasma oxygène (200W, 30 sec), la résine est hydrophile et conduit les fluides. Nous venons ensuite déposer une goutte d'encre bleue à l'aide d'une micropipette dans la zone dédiée à cette fonction. Pour les lignes se terminant par un symbole « OK », celui-ci doit présenter un contraste de couleur bleue (figure 3.23). Si ce n'est pas le cas, le canal en question est considéré comme non-ouvert. Dans le cas des canaux à formes particulières, les canaux se trouvent entre deux zones de dépôt de goutte, il suffit donc de voir si la goutte est bien transmise d'un point à l'autre du canal (figure 3.24).

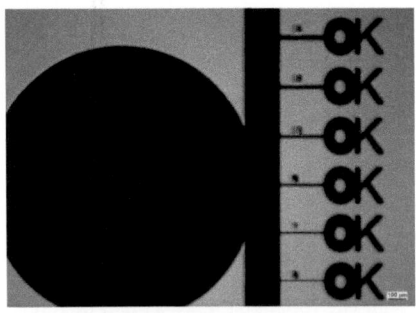 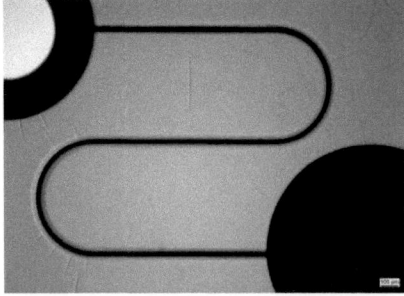

Figure 3.23 : Photographie d'un test à l'aide d'une goutte d'encre pour différents largeurs de canaux en SU-8 3D ouverts et couverts

Figure 3.24 : Photographie d'un test à l'aide d'une goutte d'encre d'un canal en SU-8 3D en forme de « S »

III. Orientation neuronale à l'aide de la SU-8 3D

Après avoir résolu le problème de biocompatibilité de la SU-8 et mis au point une technique simple pour réaliser des canaux couverts en SU-8, nous avons modifié les masques avant de procéder à une nouvelle culture cellulaire à l'Institut de la Vision.

1. Dessins des masques de la SU-8 3D pour le procédé NeuroFETs

Pour passer des masques de SU-8 pour le laminage à ceux pour la SU-8 3D, nous avons repris les mêmes motifs en apportant une modification. En effet, nous avons rajouté quatre cercles de 1mm de diamètre, excentré de la zone sensible et reliés à celle-ci par des canaux de 20µm de large (figure 3.25). Ces nouvelles zones qui ne sont pas couvertes, permettent de venir apporter un fluide à l'aide d'une micropipette qui sera ensuite réparti dans tous les canaux (figure 3.26) comme pour le test des lignes précédentes. Cette fonction nous

Figure 3.25 : Image MEB du design de la nouvelle puce avec canaux en SU-8 3D

Figure 3.26 : Image MEB de la forme d'un canal dans lequel circule le fluide

sera utile par la suite. Une fois validée sur silicium nu, le motif de SU-8 3D est réalisé sur les puces avec transistors (figure 3.27). Pour ce faire, après la dernière étape du process NeuroFETs présenté au chapitre II, nous avons réalisé le procédé suivant :

- Déshydratation 200°C durant 20 minutes suivies d'un étuvage de Hexamethyldisilazane (HMDS) durant 45 minutes comme promoteur d'adhérence
- Enduction de résine SU-8 50µm à l'aide des pistes automatiques de l'EVG120
- Nettoyage face arrière avec tissus imbibés d'acétone
- Insolation à l'aide du *Stepper*
- Recuit sur plaque chauffante avec cycle thermique
- Développement au développeur SU-8 durant 45 minutes avec mouvement des fluides
- Recuit sur plaque chauffante avec cycle

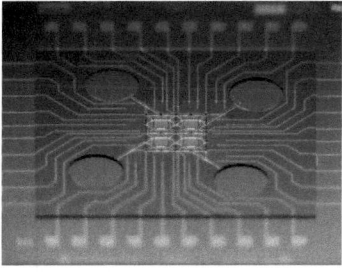

Figure 3.27 : Photographie d'une puce avec NeuroFETs et canaux en SU-8 3D

thermique

Les canaux en SU-8 3D sont ensuite testés pour vérifier qu'ils sont bien ouverts et couverts à l'aide de l'encre bleue et du profilomètre mécanique. Une fois testée, la SU-8 est traitée pour être rendue biocompatible avant de nouveaux tests de culture cellulaire.

2. Résultats des nouvelles cultures cellulaires

Nous avons déposé à nouveau des cellules ganglionnaires de rétines de rats à l'Institut de la Vision en suivant la même procédure de culture neuronale que pour le premier test, sur des puces avec des canaux en SU-8 3D. Au préalable, nous avons déposé sur l'ensemble de la puce de la poly-L-lysine, un peptide chargé négativement utilisé pour faciliter l'adhésion des cellules [JUN 07]. Après trois jours de culture cellulaire, nous avons observé qu'il y avait des neurones développés sur l'ensemble de la puce. Nous avons fait une fixation à l'aide de Paraformaldéhyde (PAF, Sigma) puis une déshydratation à l'alcool sur les puces telle que présentée ci-dessous :

- 2 passages de 5 minutes à Ethanol 50%
- 3 passages de 5 minutes à Ethanol 70%
- 3 passages de 5 minutes à Ethanol 90%
- 4 passages de 5 minutes à Ethanol 100%
- Séchage à l'air libre

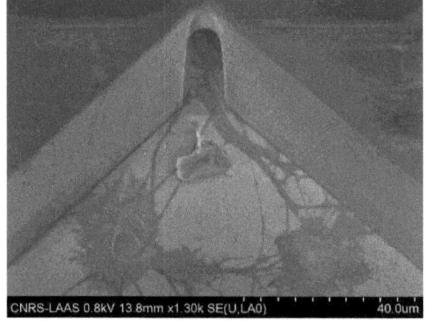

Figure 3.28: Image MEB de deux neurones orientant leurs neurites vers un canal en SU-8

Figure 3.29 : Image MEB d'une culture neuronale sur réseau de canaux en SU-8 3D

Cette déshydratation permet d'enlever tout liquide contenu dans les cellules pour conserver celle-ci et permettre de faire des images en microscopie. De cette manière, nous avons pu les observer au MEB, figure 3.28. Sur cette image, nous pouvons voir que deux neurones visibles ont développé leurs neurites vers l'intérieur d'un canal fait en SU-8. Nous pouvons également voir que des neurones qui se trouvant en surface de la SU-8, faisaient croitre des neurites vers les cellules se trouvant sur le substrat. Nous avons donc réussi à contenir toutes les croissances de neurites dans nos zones de réceptions et nos canaux. De plus, quand nous observons une plus grande zone de la puce (figure 3.29), nous notons que les neurones cherchent toujours à se mettre en contact avec les autres neurones qui les entourent. De ce fait, ils envoient leurs neurites à travers toutes les zones possibles (canaux et zones de réception dans notre cas), pour créer des interconnections.

Les neurites peuvent se prolonger sur plusieurs centaines de microns. En effet, sur la figure 3.29, les deux neurones présents sur la figure 3.28 (zone de réception inférieur sur la figure 2.29) ont développé des neurites jusque dans la zone de réception en haut de l'image, les deux zones de réception étant séparées de 400µm. Nous avons pu également observer des neurites qui allaient jusqu'à 1mm de distance. Nous avons ensuite fait la culture sur les puces avec NeuroFETs et SU-8 3D pour valider le fait que nous puissions faire une culture neuronale sur nos composants et que les comportements de cellules ganglionnaires de rétines de rats lors de la croissance neuronale soit la même que montrée précédemment. A la différence du test précédent, nous avons déposé de la Poly-L-Lysine uniquement dans les canaux à l'aide d'une goutte déposée par micropipette dans l'une des quatre zones destinées à cette fonction. Après trois jours de mise en culture, nous avons regardé nos puces par fluorescence (figure 2.30) et avons observé un grand nombre de neurones dans les zones de réception qui s'interconnectaient à l'aide de neurones à travers les canaux en SU-8 3D et passant de ce fait sur les NeuroFETs. En regardant par microscopie confocale, nous avons pu observer plan par plan à travers toute l'épaisseur de la SU-8. Il en est ressorti que les neurites suivaient bien les canaux et ne remontaient pas vers la surface. De plus, en se focalisant au plus proche de la surface des NeuroFETs, nous avons pu voir que les neurites étaient bien en contact avec la

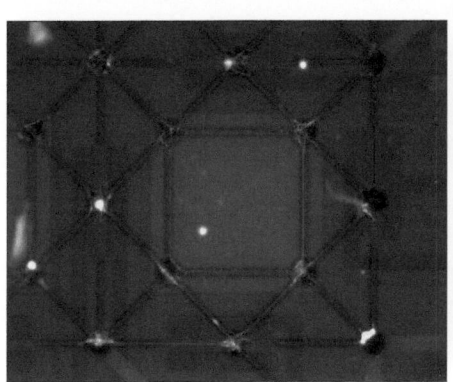

Figure 3.30 : Photographie par fluorescence d'une puce avec NeuroFET et orientation neuronale dans les canaux

Figure 3.31 : Image par microscopie confocale d'une puce avec NeuroFET (orange) et orientation neuronale (vert pomme) dans les canaux en SU-8 3D

surface des électrodes des composants électriques (figure 3.31).

<u>Discussion</u> : Une alternative possible et qui a été envisagé au début du projet, est l'utilisation de Polydimethylsiloxane, communément appelé PDMS à la place de la SU-8. En effet, le PDMS est un polymère organo-minéral de la famille des siloxanes. Il est très utilisé pour la fabrication de puces microfluidiques [ISLA 12, NI 12]. Pour la fabrication de ce type de dispositifs, le PDMS (liquide) mélangé à un agent réticulant est versé sur un moule microstructuré et chauffé afin d'obtenir une réplique du moule en élastomère (PDMS réticulé). Une fois réticulé, il est considéré comme biocompatible. Il est donc aussi utilisé dans des applications biologiques [CHAN 13] et même avec des cultures neuronales [WANG 12]. Cependant, nous n'avons pas choisi d'utiliser ce polymère car il présentait plus de contraintes que la SU-8. En effet, le PDMS devait être au préalable moulé et réticulé sur un

support. Il est déjà difficile à cette étape de contrôler précisément (l'ordre du micromètre), l'épaisseur du PDMS. Ceci aurait entrainé des problèmes au moment de la mise en boitier des puces NeuroFETs (cf chapitre IV). Une fois démoulé, le PDMS devrait être percé pour ouvrir les zones de réceptions des neurones. Le perçage, qui est fait à la main, ne devrait pas dépasser 50µm de diamètre et être positionner précisément (l'ordre du micromètre). Pour finir, la fabrication des NeuroFETs a imposé des écarts de profondeurs sur la surface de la zone sensible (1mm^2) allant jusqu'à 1µm. En plus du positionnement du PDMS, qui doit être positionné précisément (l'ordre du micromètre), il est possible que la surface du PDMS ne soit pas en contact partout sur la puce et qu'il y ait des infiltrations lors de dépôts liquides entrainant des court circuits électriques entre les pistes. Pour ces différentes raisons, nous avons choisi d'utiliser la résine SU-8 plutôt que le PDMS.

Conclusion

Nous avons choisi pour orienter la croissance des neurites lors de la croissance neuronale, de faire des murs en SU-8 permettant de contraindre les neurites sur un seul chemin. La SU-8 s'est alors avérée n'être biocompatible qu'après une série de traitements (Optique, Chimique, Thermique et Plasmique). De plus, comme les cellules utilisées avaient tendance à se déposer au fond des canaux, nous avons cherché une technique pour couvrir les canaux.

Nous avons exploré plusieurs méthodes comme le laminage ou la double insolation avant de développer notre propre technique, à l'aide d'un *Stepper,* que nous avons nommé la SU-8 3D. Cette technique permet de faire des canaux en une seule insolation et avec un seul masque en jouant sur la focalisation et le temps d'exposition de la résine SU-8.

A partir de l'étude de la SU-8 3D, nous avons créé des motifs permettant d'orienter la croissance des neurites sur les NeuroFETs lors des cultures cellulaires de cellules ganglionnaires de rétines de rats à l'Institut de la Vision à Paris.

Références :

[ABGR 05]   P. Abgrall, C. Lattes, V. Conédéra, X. Dollat, S. Colin and A.M. Gué, *Journal of Micromechanics and Microengineering*, Vol. 13, pp. 113-121 (2005).

[CEYS 05]   F. Ceyssens and R. Puers, *Journal of Micromechanics and Microengineering*, Vol. 16, pp. S19-S23 (2005).

[CHAN 13]   R. Chand, S.K. Jha, K. Islam, D. Han, I-S. Shin and Y-S. Kim, *Biosensors and Bioelectronics*, Vol. 40, pp. 362-367 (2013).

[BEDU 12]   A. Béduer, F. Seichepine, E. Flahaut and C. Vieu, *Microelectronic Engineering*, Vol. 97, pp. 301-305 (2012).

[ELGM 10]   I. El Gmati, P.F. Calmon, A. Boukabache, P. Pons, R. Fulcrand, S. Pinon, H. Boussetta, M.A. Kallala and K. Besbes, *Journal of Micromechanics and Microengineering*, Vol. 21, 025018 (9pp) (2010).

[FROM 02]   M. Merz and P. Fromherz, *Advanced Materials*, Vol. 14, n°2, pp. 141-144 (2002).

[FROM 05]   M. Merz and P. Fromherz, *Advanced Functional Materials*, Vol. 75, n°5, pp. 739-744 (2005).

[GAUD 06]   M. Gaudet, J-C. Camart, L. Buchaillot and S. Arscott, *Applied Physics Letters*, Vol. 88, pp. 024107 (2006).

[HIRA 10]   Y. Hirai, K. Sugano, T. Tsuchiya and O. Tabata, *Journal of Microelectromechanical Systems*, Vol. 19, n°5, pp. 1058-1069 (2010).

[ISLA 12]   A.T. Islam, A.H. Siddique, T.S. Ramulu, V. Reddy, Y-J. Eu, S.H. Cho and C.G. Kim, *Biomedical Microdevices*, Vol. 14, pp. 1077-1084 (2012).

[JUN 07]   S.B. Jun, M.R. Hynd, N. Dowell-Mesfin, K.L. Smith, J.N. Turner, W. Shain and S.J. Kim, *Journal of Neurosciences Methods*, Vol. 160, n°2, pp. 317-326 (2006).

[LARR 12]   F. Larramendy, L. Mazenq, P. Temple-Boyer and L. Nicu, *Lab on a Chip*, Vol. 12, pp. 387-390 (2012).

[NI 12]   J. Ni, B. Li, J. Yang, *Microelectronic Engineering*, Vol. 99, pp. 28-32 (2012).

[ROUP 12]   S. Milgram, R. Bombera, T. Livache and Y. Roupioz, *Methods*, Vol. 53, n°2, pp. 326-33 (2012).

[VERN 08]   V.N. Vernekar, D.K. Cullen, N. Fogleman, Y. Choi, A.J. Garcia, M.G. Allen, G.J. Brewer and M.C. LaPlaca, *Journal of Biomedical Materials Research Part A*, Vol. 89, pp. 138-151 (2008).

[WANG 12]   L. Wang, M. Riss, J. Olmos Buitrago and E. Claverol-Tinturé, *Journal of Neural Engineering*, Vol. 9, pp. 026010 (2012).

Chapitre IV

Résultats

Introduction

Les travaux décrits dans les chapitres précédents ont permis l'obtention de puces comprenant de NeuroFETs fonctionnels et recouverts d'une couche de SU-8 permettant d'orienter les neurites lors de la croissance neuronale. L'enregistrement de potentiels d'actions neuronaux nécessite, en plus des éléments préalablement indiqués, une électronique permettant la mesure de ce type de signal et un support adapté à cette électronique. Dans ce chapitre, nous présentons le conditionnement de la puce, l'électronique associée et les résultats obtenus à l'aide du système complet.

I. La mise en boitier de la puce à NeuroFETs

L'objectif de la mise en boitier est de disposer d'un support comportant une puce intégrée qui est facilement transportable, interchangeable avec l'électronique et qui intègre une cuve permettant la culture cellulaire. Les connections électriques doivent naturellement être isolées du milieu de culture, tandis que la zone sensible des NeuroFETs doit être en contact avec le liquide.

1. Report de la puce par contact sur carte spécifique de type *Printed Circuit Board*

g) Création du *Printed Circuit Board* (PCB) :

Du point de vue fonctionnel, une culture de neurones est réalisée sur la puce bien avant que celle-ci ne soit utilisée pour la mesure du potentiel d'action. Dans ce cas, il parait opportun de séparer la puce du système électronique pour que cette culture puisse être réalisée dans des conditions optimales. Un grand nombre de puces risque également d'être utilisé dans cette application. Pour répondre à ces obligations, nous avons choisi d'utiliser comme support et interface avec l'électronique, un circuit imprimé en époxy FR4 (PCB) sans composant périphérique, de 350µm d'épaisseur. Le dessin du PCB a été réalisé par Fabrice Mathieu, ingénieur de recherche au LAAS. La figure 4.1 montre l'assemblage de la puce sur son support PCB. Ce dernier a une dimension totale de 36mm par 23mm et possède une ouverture de 5mm^2 permettant d'avoir accès à la zone sensible de la puce. L'affectation des connexions de la puce sur le PCB est indiquée par la figure 4.2.

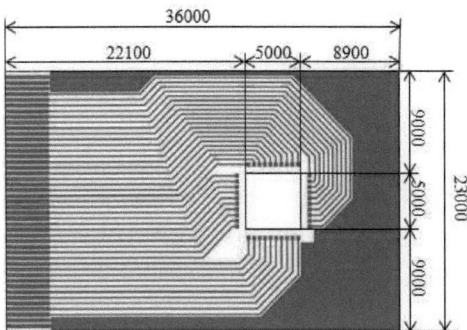
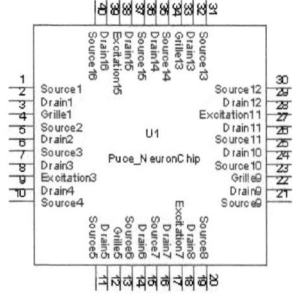

Figure 4.1 : Vue globale du support PCB spécifiquement fabriqué et ses dimensions (en mm)

Figure 4.2 : Affectation des connexions de la puce

h) Dépôt de pâte à braser par sérigraphie :

Nous avons ensuite choisi de déposer de la pâte à braser par sérigraphie [CHO 05] sur les plots de connections du PCB, afin de d'obtenir des plots identiques et positionnés sur l'ensemble du support. Le principe de la sérigraphie est de déposer une matière sur un substrat en appliquant une pression avec une racle et en balayant à une certaine vitesse, à l'aide d'un masque ayant des ouvertures (figure 4.3). Le démoulage se fait avec une vitesse contrôlée lors du retrait du masque avec le substrat. En effet lors de la sérigraphie, le masque est directement en contact avec celui-ci. Le dépôt est précis en épaisseur avec une grande reproductibilité. Dans notre cas, nous souhaitons déposer de la pâte à braser sur le PCB. Le masque utilisé pour cette application a été réalisé en inox. La pâte à déposer doit avoir une certaine rhéologie pour passer à travers les ouvertures du masque et garder une certaine forme.

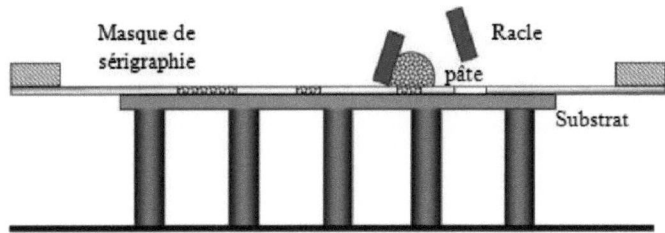

Figure 4.3 : Schéma de principe de la sérigraphie

L'épaisseur du masque est de 125µm. Elle est définie en fonction de la taille des ouvertures minimum qui est de 350µm et bien entendu de la qualité des dépôts voulus. La règle qui s'applique lors du dimensionnement pour un écran inox découpé laser est la suivante : $\frac{L+W}{2*(L+W)*T} > 0,66$, avec W et L respectivement la largeur et la longueur des ouvertures et T l'épaisseur du pochoir. Il existe plusieurs technologies pour la réalisation des masques et nous avons choisi l'usinage laser permettant une meilleur qualité de finition et donc un meilleur démoulage. En ce qui concerne les racles utilisées, elles sont en métal. Nous obtenons une meilleure qualité de sérigraphie avec ces racles et la plage de pression est plus large. Il existe différentes duretés et différents angles de racle suivant le produit à sérigraphier. Pour notre application de puce NeuroFETs, nous avons utilisé une racle avec un angle de contact de 45° par rapport au masque. Nous avons choisi de travailler avec une pâte à braser de chez Indium Corporation, composé de Bi/Sn/Ag ayant un point de fusion à 140°C. Les différents paramètres de sérigraphie influençant le dépôt sont présentés par la suite.

- La pression de racle :

La pression de racle contrôle la quantité de matière à transférer vers le substrat et son étalement. Trop de pression peut causer un excès de quantité de pâte donc un étalement plus important qui peut créer un pont entre deux plots. On obtient une bonne pression de sérigraphie si peu de résidus de pâte apparaissent sur l'écran après sérigraphie. Lors des différents tests réalisés, une partie de la pâte à braser n'était pas transférée sur la carte mais restait dans les ouvertures du masque quelle que soit la pression appliquée. Nous avons décidé d'utiliser des racles afin de forcer la pâte au démoulage après nappage. Les résultats ont été concluants avec un bon démoulage vers des pressions de 2 kg/cm.

- La vitesse de racle :

Elle est liée à la constitution physico-chimique de la pâte. Les valeurs limites sont données par le fournisseur. Ici, nous avons décidé de travailler avec une vitesse minimum qui est de 20mm/s.

- La vitesse de démoulage :

La vitesse de séparation est l'un des paramètres cruciaux dans la sérigraphie : elle doit permettre à la pâte de libérer des murs d'ouverture sans laisser de résidus dans les ouvertures de l'écran. Ici, nous l'avons fixé au minimum qui est de 0,1mm/s.

- La distance de démoulage :

La distance de démoulage est la distance minimale et nécessaire pour la séparation du masque. Elle est aussi importante que la vitesse de démoulage. Elle influe sur le temps de sérigraphie. Nous avons mis choisi une distance assez grande de 2,5mm.

Nous obtenons des dépôts localisés de pâte à braser sur les plots du PCB de 340µm de large (figure 4.4) et de 225µm de haut (figure 4.5), ce qui est tout à fait conforme aux dimensionnements des ouvertures du masque utilisé.

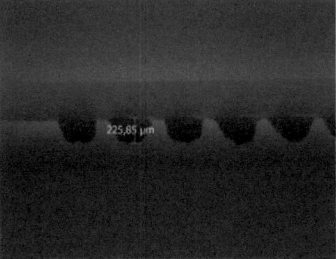

Figure 4.4 : Photo du PCB avec dépôts par sérigraphie

Figure 4.5 : Photo des tailles des dépôts de pates à braser

i) Réalisation du report de la puce par contacts :

Le report par *Flip chip* est une technique d'assemblage qui permet l'intégration de puces en silicium ou d'autres composants en face avant sur divers substrats (figure 4.6). C'est une technique permettant de réduire les coûts de fabrication par la réduction de la taille des puces et de leur encombrement sur les cartes électroniques, par exemple. Elle résulte d'un choix de mise en œuvre du conditionnement où les interconnexions sont sous forme matricielle, ce qui permet un plus grand nombre de connexions et une intégration très dense. Cette technique permet aussi un assemblage précis à quelques microns et de manière automatisée. Les connexions électriques obtenues entre la puce et le substrat sont supérieures aux autres techniques comme le *wedge bonding* car elles permettent des connexions plus courtes. L'autre avantage des distances réduites est un encombrement moins important lors de l'isolation électrique de l'ensemble par une colle isolante. De plus, un autre avantage de cette technique dans l'application visée est l'aspect collectif du procédé qui permet de réaliser toutes les connexions électriques en même temps. Les connexions électriques entre la puce et le substrat se font par refusions de pâte à braser une fois la carte préalablement sérigraphiée. Pour ce faire, les dépôts faits sur les plots du PCB sont constitués de nickel et d'or. En ce qui concerne la puce, les métallisations ont pour finition du titane et une couche importante d'or pour l'accroche et la mouillabilité. Le processus d'assemblage par *flip chip* se compose des étapes suivantes :

Figure 4.6 : Schéma du report de contacts par *Flip Chip*

- Chargement du PCB avec les dépôts de pâte à braser sérigraphiés
- Prise de la puce avec ses connexions électriques face arrière
- Alignement de la puce avec le substrat
- Report de la puce sur le substrat par refusion

Nous avons optimisé le profil thermique du procédé de report en fonction des matériaux entrant en jeux lors de la refonte de la pâte à braser. Cela se caractérise par une durée plus longue dans les paliers de température afin que le PCB ne subisse pas de stress et soit à une température idéale de refonte. En ce qui concerne le profil de compression, nous l'avons optimisé afin d'avoir une connexion électrique sur chaque plot et de manière à pouvoir le contrôler visuellement en laissant un distance suffisante d'une centaine de microns. Le profil utilisé est illustré figure 4.7. Le résultat de cette partie est illustré par la photo d'une puce fixée sur PCB (figure 4.8) et d'une photo d'un zoom de la fixation (figure 4.9) ou l'on peut voir les connexions entre la puce et le PCB.

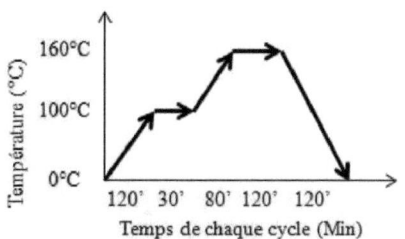

Figure 4.7 : Cycle thermique de la refonte de la pâte à braser

Figure 4.8 : Photo d'une puce fixée sur PCB à l'aide de la technique *Flip Chip*

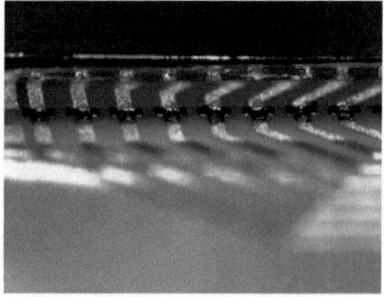

Figure 4.9 : Photo des connexions entre puce et PCB à l'aide de la pâte à braser

2. Mise en place du cône de culture

a) Isolation de la zone sensible :

Une fois la refonte effectuée, les pistes métalliques ainsi que les dépôts réalisés sont protégés avec une colle dans le cadre de procédé de type *underfill*. Il s'agit d'une colle époxy biocompatible référencée « E301 » chez Epoteck qui a la particularité de s'infiltrer entre la puce et le substrat par capillarité grâce à sa faible viscosité (200cps) et de ne pas fluer sur la puce. Cette colle est déposée par un appareil de dispense pneumatique tout autour des flancs de la puce face arrière. L'ensemble peut être ensuite réticulé à température ambiante pendant 24 heures ou à 65°C pendant une heure.

b) Report du cône de culture :

La culture cellulaire doit se faire directement sur la zone sensible du composant pour que les neurones puissent se développer dessus. Nous avons donc choisi de positionner un cône de culture autour de la zone sensible pour pouvoir contenir un liquide, dans notre cas le milieu de culture. Une première version des supports possédait un cône de culture de 10mm de diamètre et 10mm de haut avec une épaisseur de verre de 1mm. Pour cause d'inadaptation de distance de travail du microscope optique utilisé pour observer la culture neuronale sur la surface de la puce et la hauteur du cône de culture, l'objectif du microscope ayant tendance à toucher la surface du cône, nous avons choisi par la suite des cônes d'une hauteur égale à 8mm. Le report de la cuve se fait manuellement sous microscope en appliquant une colle époxy biocompatible sur l'arête de la cuve et en reportant celle-ci sur le PCB au-dessus de la puce. La colle utilisée est référencée E353ND-T chez Epoteck, elle a la particularité d'être très visqueuse (10000cps)

Figure 4.10 : Photo d'une puce montée sur support PCB avec cône de culture

et thixotrope. Sa température de réticulation est de 100°C pendant 10 minutes. Une fois collée, l'ensemble (figure 4.10) peut accueillir une culture cellulaire.

II. L'électronique associée

Nous avons maintenant un support qui permet de connecter une puce à une électronique associée. Cette partie traite de l'ensemble de la conception de l'électronique de détection. Une première partie présente le principe de fonctionnement utilisé pour effectuer la détection des potentiels d'action avec les transistors. Une seconde traite du principe de l'électronique. Les résultats expérimentaux de la carte électronique avec les supports avec NeuroFETs sont présentés en troisième partie. Cette dernière partie présentera l'étude de la gamme de mesure de la carte électronique avec les supports avec NeuroFETs ainsi que les tests en condition réelle, c'est-à-dire au plus proche de la mesure de potentiels d'action.

1. Principe de détection

a) Mise en équation :

D'un point de vue électrique, le système se présente comme un réseau conventionnel de transistors de type Metal Oxyde Semi-conducteur (MOS). La propagation d'un potentiel d'action à travers un axone sera vue comme une variation du potentiel de la grille du transistor en regard. Le but est de polariser ces transistors de telle sorte qu'une variation du potentiel de grille puisse être détectée et traitée. Ces transistors répondent aux équations classiques données ci-dessous.

Dans le cas d'un fonctionnement linéaire répondant aux conditions telles que $V_{GS} > V_T$ et $V_{DS} < V_{GS}-V_T$, ou V_{GS} est la tension Grille-Source, V_{DS}, la tension Drain-Source et V_T, la tension de seuil, l'équation du courant Drain-Source (I_{DS}) est de la forme:

$$I_{DS} = K\left[(V_{GS} - V_T)V_{DS} - \frac{V_{DS}^2}{2}\right] \quad (1)$$

avec K paramètre intrinsèque au transistor en fonction de sa capacité C_{ox}, sa longueur L et sa largeur de grille W.

$$K = \frac{W}{L}\mu C_{ox}$$

Dans le cas d'un fonctionnement en saturation les conditions des tensions sont telles que $V_{GS} > V_T$ et $V_{DS} > V_{GS}-V_T$. Dans ce cas, le courant de drain répond à l'équation de la forme:

$$I_{DS} = K(V_{GS} - V_T)^2\left(1 + \frac{V_{DS}}{V_A}\right) \quad (2)$$

où V_A est la tension d'Early.

Pour notre application, nous allons placer les transistors en mode de saturation afin de minimiser la dépendance du système aux variations de V_{DS}. Les transistors sont montés de telle sorte que le courant de drain soit fixe et identique pour chaque transistor. En maintenant une tension V_{DS} minimale largement supérieure à $V_{GS}-V_T$ nous nous assurons que les transistors sont en régime de saturation. Dans ces conditions, si nous laissons le potentiel de source libre, celui-ci se place naturellement à une tension égale à environ V_G-V_T. Ainsi, si une variation de la tension de grille apparait pour une raison quelconque, cette variation sera visible à l'identique sur la tension de source. Dans ces conditions, nous pouvons exprimer la tension de sortie comme étant la tension de source du transistor en régime saturé soit :

$$V_S = V_G - V_T - \sqrt{\frac{I_{DS}}{K}\frac{V_A}{V_A + V_{DS}}} \quad (3)$$

De l'équation (3) nous savons que la tension de seuil V_T est une tension constante pour un courant I_{DS} donné et fixe. La tension d'Early (V_A) est une valeur constante qui est en général très importante (supérieure à la centaine de volts) pour un transistor conventionnel. Dans notre cas, les mesures effectuées sur les transistors utilisés nous ont permis d'évaluer cette tension à environ 35V. La valeur du coefficient K que nous pouvons extraire des différentes mesures est estimée à environ 16×10^{-5}. L'erreur de mesure engendrée par une variation de la tension drain-source V_{DS} est finalement donnée par :

$$\frac{dV_S}{dV_{DS}} = \frac{1}{2}\sqrt{\frac{I_{DS}V_A}{K}}(V_A + V_{DS})^{-\frac{3}{2}} \qquad (4)$$

A la vue de l'équation 4, il apparaît que l'erreur de mesure sera minimisée avec un courant de drain faible et une tension V_{DS} importante. Dans ces conditions, et en accord avec les potentialités de l'électronique, nous prenons arbitrairement un courant I_{DS} de *100µA* et une tension V_{DS} de *4V* pour évaluer à l'aide de l'équation (4), l'erreur apportée par cette variation :

$$\Delta V_S = \frac{1}{2}\sqrt{\frac{100 x 10^{-6} x 35}{16 x 10^{-5}}} x(35+4)^{-\frac{3}{2}} x \Delta V_{DS} = 0.96\ 10^{-2}\Delta V_{DS} \qquad (5)$$

Il apparait donc, que dans les conditions de polarisation précédentes, l'erreur engendrée correspond à environ 1%. Sachant que l'amplitude attendue du potentiel d'action est de *100mV* (Cf. Chapitre I), cette erreur correspond à une valeur de *1mV*. Ainsi, ce résultat nous permet de nous affranchir d'un asservissement de la tension V_{DS} pour chaque transistor.

2. Principe de l'électronique

a) Conception de l'électronique :

La mise en œuvre du principe développé précédemment est effectuée en simulation pour un réseau de quatre transistors NeuroFETs. La figure 4.11 représente une vue schématique de polarisation du système, les schémas de l'électronique étant mis en Annexe (voir *Annexe : Schémas Electriques de l'Electronique associée*). Nous avons choisi de nommer le quatrième NeuroFET « n » car il indique que ce principe de polarisation peut s'appliquer pour n'importe quel nombre de transistors.

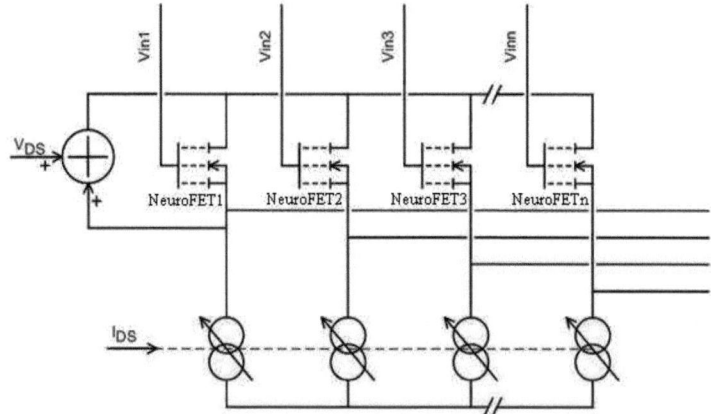

Figure 4.11 : Vue schématique de polarisation du système

La génération des courants est effectuée par un miroir de courant réalisé avec des transistors bipolaires. Celui-ci impose des courants de drain identiques dans chaque transistor pilotés par une tension de commande V_{IDS}. La résistance de polarisation du courant I_{DS} est de 2KΩ, ce qui entraine $I_{DS} = GxV_{IDS}$ ou G est égal à 0,0005. Nous souhaitons fixer le courant I_{DS} à 250µA, la tension V_{IDS} doit être alors égale à *500mV*. Les transistors étant fabriqués sur la même puce, leurs dispersions sont faibles. Aussi, en l'absence de potentiel d'action toutes les grilles sont au même potentiel. Ces deux éléments nous permettent de ne fixer la tension V_{DS} que sur un seul transistor pour que l'ensemble se polarise à l'identique. Sur la figure 4.c+1, l'asservissement de la tension V_{DS} est effectué sur le transistor NeuroFET1. Celui-ci est réalisé par la boucle formée par les deux amplificateurs opérationnels et leurs résistances associées. Au final, la tension V_{DS} du transistor NeuroFET1 est rigoureusement identique à la valeur de la consigne V_{DS} fixée à 2V pour la simulation. La tension de source des transistors étant imposée par la tension de grille, la tension de drain se place automatiquement à la valeur V_S+V_{DS}. Cette tension de drain, issue de la contre-réaction, est imposée à tous les transistors du réseau. La figure 4.12 montre la vue schématique de l'étage d'amplification mis en place.

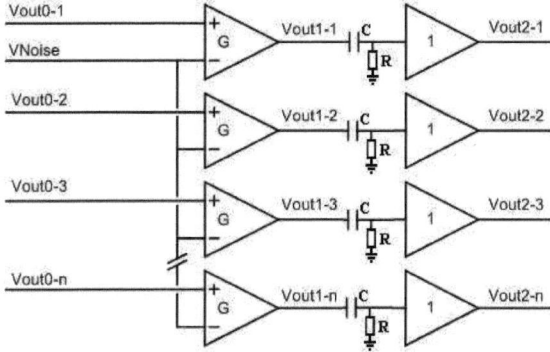

Figure 4.12 : Vue schématique de la partie amplification du système

Cependant, sachant que les grilles des transistors sont en contact avec l'extérieur de la puce dans un milieu liquide, il semble intéressant de pouvoir effectuer une suppression du bruit éventuel existant dans ce milieu. Pour effectuer cette opération, un amplificateur permet de prélever le potentiel existant dans le milieu de culture afin de le soustraire aux différentes tensions de sources des transistors de mesure. Dans notre étude et par choix de conception, k est égal à 1 et impose à notre étage un gain de 2. L'équation de transfert de cet étage amplificateur est :

$$V_{out1-n} = (k+1)(V_{out0-n} - V_{Noise}) \qquad (6)$$

Le second étage est un filtre passe haut. Il permet seulement de supprimer la composante continue de nos mesures qui n'apporte pas d'information utile. Il est à préciser que les amplificateurs utilisés disposent d'un étage d'entrée de type FET. Ceci permet d'avoir une impédance d'entrée suffisamment grande afin de ne pas perturber les différents points de prélèvement des signaux sur la puce. Le dernier étage a pour fonction d'éliminer la composante continue correspondant à :

$$-G_D\left(V_T + \sqrt{\frac{I_D}{K}\frac{V_A}{V_A+V_{DS}}}\right) \quad \text{(Issu des équations 3 et 6)} \tag{7}$$

Ce filtre passe haut a une fréquence de coupure de :
$$f_c = \frac{1}{2\pi RC} = 159 mHz \tag{8}$$

b) Simulation :

L'électronique a ensuite été simulée sous P-Spice. Nous avons modélisé un potentiel d'action (figure 4.13 a) que nous avons appliqué sur *Vin1*, *Vin2* et *Vin3* avec un décalage temporel d'une seconde. A ces signaux est ajouté un signal simulant un couplage externe du milieu de réaction. Ce signal de couplage est choisi pour notre application comme une tension sinusoïdale d'amplitude crête à crête de 1V et de fréquence 800Hz. Le couplage ayant une amplitude 10 fois supérieure à l'amplitude des potentiels d'action, les courbes ne permettent pas de distinguer ce dernier du bruit environnant.

La figure 4.13 b) représente la sortie Vout2-1 après l'application d'un potentiel d'action sur le NeuroFET 1. L'erreur de couplage n'est pas visible car, comme sur les grilles des NeuroFETs 1, 2 et 3, un potentiel d'action est appliqué, ce dernier subit une amplification de gain G_D. Ainsi, le couplage présent dans le milieu de réaction peut être entièrement éliminé pour n'obtenir en sortie que les signaux nécessaires. La sortie Vout2-n (figure 4.13 c) correspond à la mesure du potentiel de grille du NeuroFET n. A ce point, aucun potentiel d'action n'est appliqué et seul le couplage est présent. C'est pour cette raison que cette sortie ne présente qu'un signal similaire au couplage d'environ *200µV* d'amplitude crête à crête. Ce signal correspond à l'erreur de discrimination du mode commun du système transistor, amplificateur différentiel.

Nous pouvons donc évaluer le gain de mode commun de notre système. Celui-ci correspond au rapport entre cette tension de sortie Vout1-n avec la tension de couplage Voutnoise, soit :
$$G_{MC} = \frac{200\mu V}{1V} = 2.10^{-4} \tag{9}$$

Le gain différentiel exprimé par l'équation 6 est $G_D = (k+1) = 2$. Le taux de rejection de mode commun simulé de notre système a donc pour valeur TRMC = G_D/G_{MC} = 10^4 =80dB.

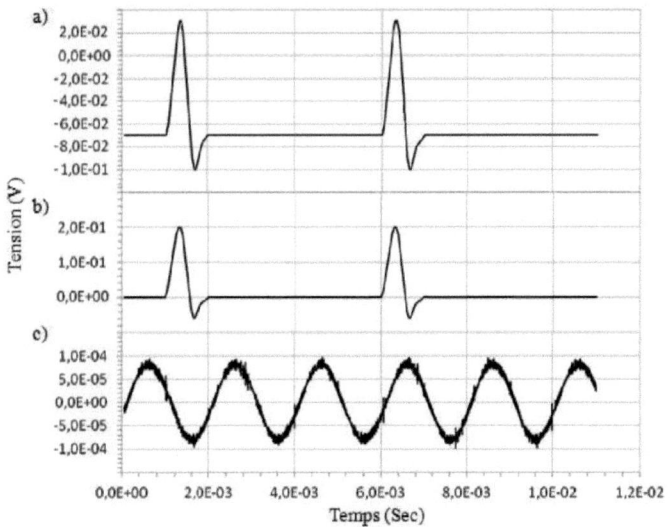

Figure 4.13 : a) Signal simulant un potentiel d'action appliqué sur V_{in1}, b) sortie du système d'amplification V_{out2-1} et c) bruit recueilli sur la sortie V_{out2-n}

Les résultats présentés ici sont issus de la simulation. En réalité, les valeurs telles que le TRMC ou le gain de mode commun risquent d'être moins élevées, du fait que les résistances qui interviennent dans l'amplification ainsi que les transistors ne sont pas strictement identiques. Il est également à noter que suivant la fréquence de ce signal de couplage, la réjection risque de diminuer avec l'augmentation de la fréquence. Cependant, même dégradé par des caractéristiques qui ne sont pas prises en compte dans la simulation, cet étage différentiel apporte un intérêt considérable pour optimiser la détection.

c) Réalisation de la carte électronique :

L'électronique de mesure développée est basée sur l'étude effectuée lors de la simulation. La figure 4.14 présente la carte électronique réalisée. Le repérage de l'ensemble des signaux disponibles et des branchements sont illustrés par la figure 4.15. Les seize transistors sont polarisés par un générateur de courant multiple fixant le courant de drain I_{DS}. La tension de commande pour la régulation en courant est à appliquer sur le connecteur Ids et est égale à *500mV*. Une mesure de ce courant de polarisation est disponible sur le connecteur J4 par une conversion courant tension fournissant une tension $V_{IDSmesurée}$ avec une conversion de *1V/mA*. La tension V_{DS} est également générée comme en simulation. La tension de consigne de la régulation de V_{DS} est

Figure 4.14 : Photographie de la carte électronique

appliquée au connecteur VDS. Le rapport de régulation étant 1/1, la tension V_{DS} régulée est égale à la tension de consigne appliquée.

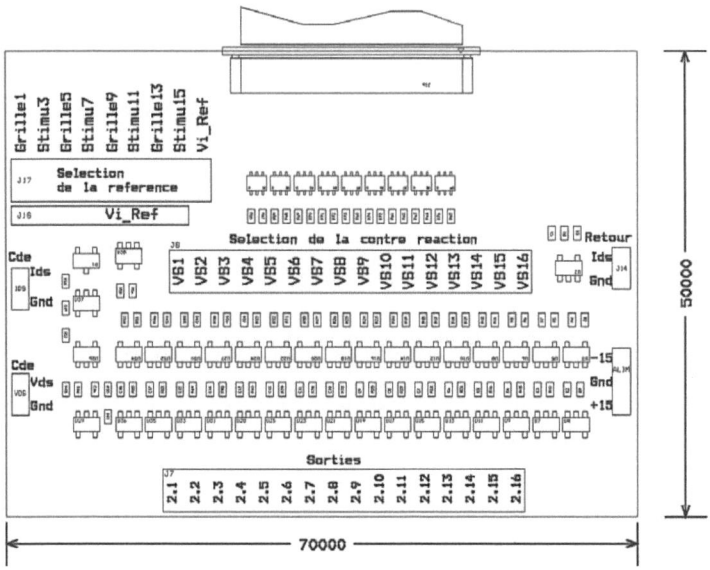

Figure 4.15 : Plan de la carte électronique

L'alimentation du système s'effectue par le connecteur ALIM. Le niveau minimal de tension à appliquer dépend de la polarisation des différents éléments et des tensions de seuil des chemFET. Bien que sur la figure 4.15 les niveaux d'alimentation soient indiqués à ±15V, ces tensions dépendent des niveaux acceptés par les amplificateurs utilisés. Il est recommandé de ne pas dépasser les ±10V. Les quatre grilles et les quatre signaux d'excitation disponibles sur la puce sont accessibles sur le connecteur J17. C'est également sur ce connecteur que s'effectue la prise de mesure pour l'amplification différentielle. De cette façon, la tension de référence peut être connectée par un cavalier à un de ces huit signaux ou éventuellement la masse du système.

L'injection d'un signal de stimulation électrique pour le déclenchement d'un potentiel d'action est également réalisée à ce niveau. Enfin, les tensions de sortie sont disponibles sur le connecteur J7. Le schéma électrique de l'ensemble du système carte de détection et support de puce se trouve en Annexe (voir *Annexe : Schémas Electriques de l'Electronique associée*).

3. Résultats expérimentaux

a) Etude de la gamme de mesure de la carte électronique :

Après la phase de réalisation, nous avons évalué la gamme de mesure de la carte électronique. Pour ce faire, nous avons mesuré le bruit maximum généré en sortie de la carte. Nous l'avons évalué avec une tension V_{DS} de 2V et un courant I_{DS} de 250µA pour une carte alimentée en ±10V. Nous avons observé le bruit à l'oscilloscope (Tektronix MSO 4054) durant 400µs sur 100 000 points. Nous avons auparavant calibré l'oscilloscope et réglé celui-ci sur un passe bande de 20MHz. Nous avons ensuite enregistré tous les points et procédé à une étude statistique du nombre de points en fonction de la tension du bruit. Nous en avons sorti la courbe de la figure 4.16. Cette courbe, qui est caractéristique d'une gaussienne, nous permet d'obtenir une valeur du bruit d'environ 0,74mV. Nous observons que le sommet de la gaussienne est décalé par rapport à l'origine. Ce décalage (de -0,12mV) est dû à la composante continue du signal de bruit qui varie au cours du temps mais qui ne modifie pas la mesure de bruit.

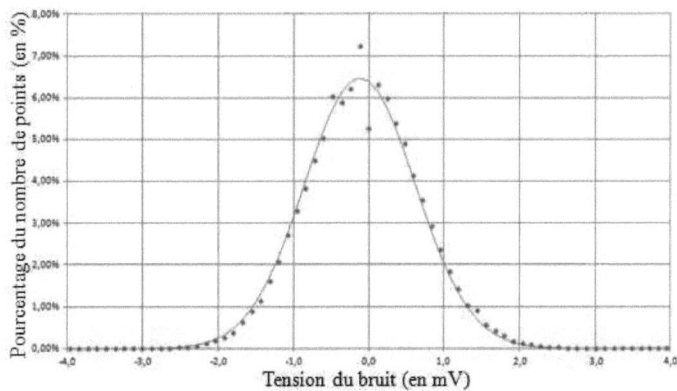

Figure 4.16 : Courbe statistique des tensions du bruit

b) Tests de la carte électronique en condition réelle :

Après évaluation de la gamme de mesure de la carte électronique, nous avons réalisé une série de tests visant à valider le fonctionnement de la carte et du support PCB avec NeuroFETs et ChemFETs en condition réelle (avec milieu liquide et électrode de référence). A ce niveau, il n'y pas de culture cellulaire sur les puces, uniquement des liquides. Pour procéder aux tests électriques, la carte électronique est alimentée en ±10V à l'aide d'une alimentation HAMEG Power Supply HM7042-3. Avec une autre alimentation du même type, nous avons fixé la tension de commande V_{DS} à 2V et V_{IDS} à 0,5V pour un I_{DS} de 250µA. Nous avons ensuite généré de manière asynchrone des potentiels d'action simulés à l'aide d'un générateur de signaux Tektronix AFG3102 sur la grille de deux transistors que nous avons appelé pour les tests, T1 et T2.

Nous avons recueilli sur un oscilloscope Tektronix TDS3054B quatre entrées, les sorties correspondant aux transistors T1 et T2 ainsi que deux autres transistors nommés TX. Nous avons réalisé ces premiers tests avec du milieu de culture Dubelcco's Modified Eagle Medium (DMEM) comme liquide et une électrode Ti/Au intégrée sur la puce comme électrode de référence. L'électrode de référence est mise à la masse pour mettre le milieu à un potentiel fixe. Les premiers signaux mesurés sont représentés figure 4.17. Nous pouvons observer que nous mesurons bien le potentiel d'action simulé sur le transistor T1 (1) (figure 4.17 a) avec un facteur d'amplification de 2 provenant de l'électronique. Nous observons cependant des interférences provenant de la stimulation du transistor T2. Les signaux mesurés par le transistor T2 (figure 4.17 b) possèdent les mêmes caractéristiques : la mesure du potentiel d'action simulé sur T2 (2) mais également des interférences provenant des potentiels d'action simulés sur T1. Nous avons par conséquent observé le potentiel dans le milieu de culture (figure 4.17 c) à l'aide d'un transistor TX où il n'y avait pas de potentiel d'action simulé sur la grille. Ceci a permis de noter des interférences provenant des signaux de type PA appliqués sur T1 et T2 et ceci sur tous les autres transistors. Nous avons déterminé le rapport signal sur bruit autour de 2,3

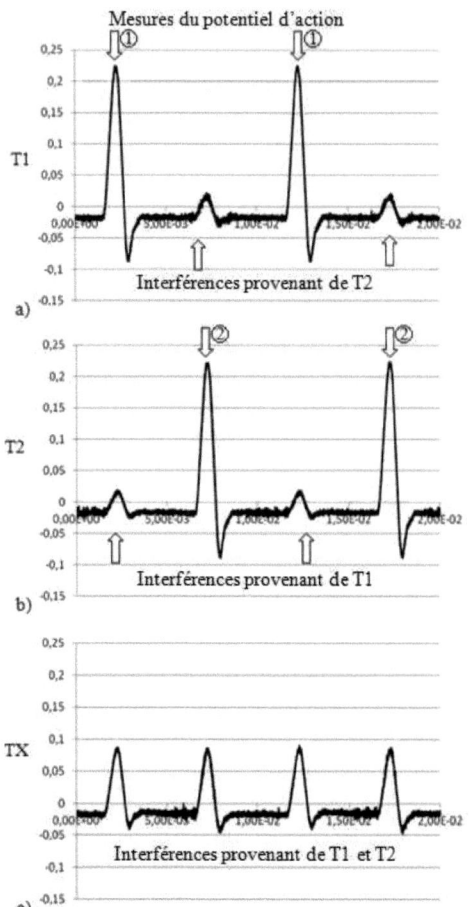

Figure 4.17 : Mesure des signaux de potentiels d'actions simulés dans un milieu de culture avec l'électrode Ti/Au intégrée sur la puce

dans ces conditions. Nous en avons donc conclu que les mesures de chaque NeuroFETs n'étaient pas indépendantes. Ceci pouvait provenir de la salinité du milieu de culture, qui possède une faible résistivité (~50 Ω.cm), et qui transférait les charges d'une grille à l'autre.

Comme nous ne pouvions pas changer ce paramètre pour la culture cellulaire, nous avons donc testé une électrode commerciale argent/chlorure d'argent (Ag/AgCl) de Methrom déjà utilisé au LAAS-CNRS [HUME 06] comme électrode de référence plutôt que l'électrode intégrée Ti/Au. Nous avons mis l'électrode commerciale Ag/AgCl à la masse comme pour le test précédent et nous l'avons plongée dans le milieu de culture. Cette fois-ci, les interférences sont largement atténuées par l'électronique car nous observons bien les signaux simulés (1) et (2) (figure 4.18 a et b) mais aucune interférence provenant de T1 et T2. De même, quand nous mesurons le potentiel qui se trouve dans le milieu de culture, nous n'observons pas d'interférences provenant de T1 et T2 (figure 4.18 c). Nous avons déterminé le rapport signal sur bruit avec l'électrode commerciale et avons trouvé un rapport de 15,5. L'électrode commerciale diminue grandement le bruit dans le milieu de culture. Nous avons refait ce test en utilisant un fil d'or relié à la masse et nous avons observé le même comportement au niveau des mesures des transistors.

Nous avons également testé le comportement des NeuroFETs dans différents milieux liquides tels que le Phosphate Buffer Saline (PBS) qui à une résistivité se rapprochant de celle du DMEM et l'eau déionisée qui à une forte résistivité (~10 MΩ.cm). Pour chacun des milieux liquides, nous avons testé

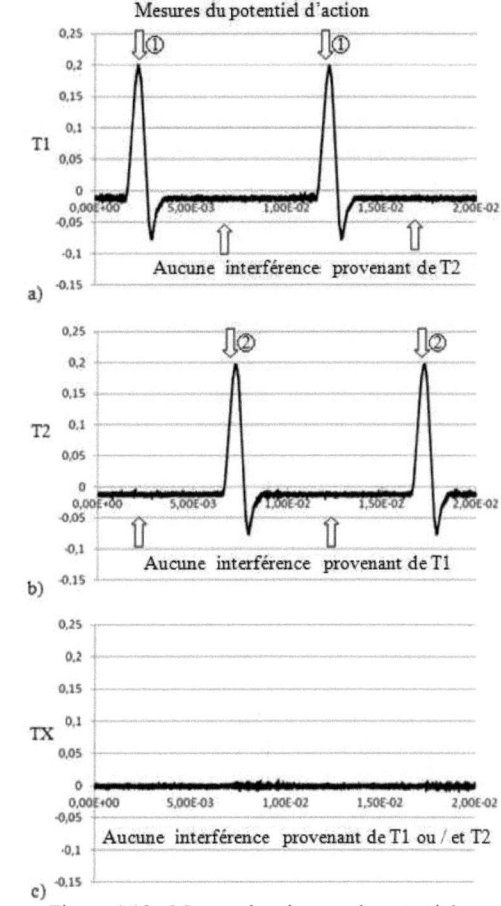

Figure 4.18 : Mesure des signaux de potentiels d'actions simulés dans un milieu de culture avec l'électrode commerciale sur différents transistors

les trois électrodes pour pouvoir comparer les rapports signaux sur bruits. Nous avons observé que le fils d'or et l'électrode commerciale Ag/AgCl avaient à peu de chose près, le même comportement, de même que le DMEM et le PBS qui ont quasiment la même résistivité. Les résultats de ces tests sont présentés tableau 4.1.

	Electrode intégrée	Electrode commerciale / Fil d'or
EDI	2,9	> 25
PBS /Milieu de culture	2,3	15,5

Tableau 4.1 : Tableau récapitulatif des tests de rapport signal sur bruit avec différentes électrodes dans différents milieux

Nous en avons conclu que l'électrode Ti/Au intégrée sur la puce, qui est un cercle de 50µm de diamètre, ne devait pas être assez grande pour pouvoir polariser tout le milieu. Cependant, il est très facile et peu coûteux de plonger un fil d'or relié à la masse dans le milieu pour disposer ainsi d'une électrode de référence conforme. Nous avons ainsi choisi d'utiliser le fil d'or comme électrode de référence [LARR 13].

III. Les ISFETs sensibles aux ions Na$^+$ et K$^+$

Les ISFETs sensibles aux ions Na$^+$ et K$^+$ à base d'alumine (Voir chapitre II) ont également été fonctionnalisés à l'aide de la technique de la SU-8 3D et mises en boitier. Grâce à cela, nous avons pu caractériser nos composants. Cette partie montre les premiers résultats obtenus avec ces capteurs.

Pour ces expériences, nous avons monté un banc d'expérience spécifique. La carte électronique associée caractérisée précédemment a été utilisé en appliquant une tension V_{DS} de 2V et un courant I_{DS} de 250µA pour une carte alimentée en ±10V. Nous avons utilisé un multimètre Metrix MX556 pour mesurer la variation de la tension continue du signal sur la sortie de l'étage de polarisation. Pour une question de reproductibilité et d'équité, nous avons réalisé tous les tests sur le même ISFET tout au long de cette première série d'expériences. Les résultats ont cependant été vérifiés sur l'ensemble des ISFETs de la puce. Nous avons en premier lieu étudié la sensibilité au pH. Pour cela, nous avons testé le fonctionnement chimique du capteur avec différentes solutions tampons, pH = [4, 7, 10]. Un fil Ag/AgCl est plongé pour faire contre électrode. Une variation d'environ 50mV/pH est observée. Comme il est démontré que l'alumine, contrairement à l'aluminosilicate, est sensible au pH [BERG 03], nous pouvons justifier que nous avons une alumine en surface de nos composants. Nous avons ensuite fait une série de tests de sensibilité aux ions Na$^+$ puis K$^+$. Nous avons d'abord étudié la sélectivité entre le Na$^+$ et le K$^+$ dans des solutions de NaCl et KCl. Comme nous n'avions pas d'acétate de potassium, nous avons ensuite utilisé trois types de concentration de solution à base de sodium : le chlorure de sodium (NaCl), le chlorure de sodium avec 66g/L d'acétate de lithium (NaCl+CH$_3$COOLi) et de l'acétate de sodium (CH$_3$COONa). L'ajout de 66g/L d'acétate de lithium dans la solution de NaCl permet de fixer la force ionique. Pour chaque type de solutions, nous avons utilisé plusieurs concentrations, sur une plage de 10^{-5} à 10^0. Deux électrodes ont été testées comme contre électrode, un fil d'or et un fil Ag/AgCl.

Les courbes de variation de tension pour différentes concentrations de NaCl et KCl sont représentées sur la figure 4.19, test réalisé avec fil d'or. De cette mesure, il apparait clairement que les Al$_2$O$_3$-ISFETs ont une sensibilité aux ions Na$^+$ et K$^+$. Nous n'avons pas observé de sélectivité entre les ions sodium et potassium. Nous avons refait les mesures après avoir laissé les ISFETs en contact avec une solution saturée en NaCl durant un jour, pour voir si nous arrivions à créer une sélectivité à l'ion sodium. Les mesures ont été identiques aux précédentes.

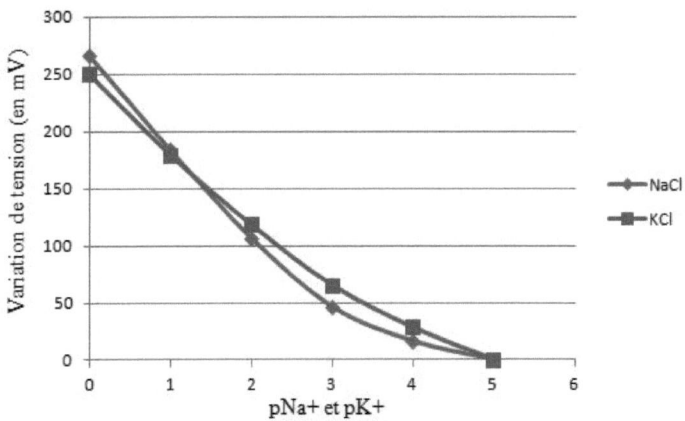

Figure 4.19 : Courbes de variation de tension pour différentes concentrations de NaCl et KCl réalisées avec un fil d'or comme contre électrode

Les différentes courbes de variation de tension pour différentes concentrations de solutions de sodium sont représentés figure 4.20 pour les tests avec fil d'or et figure 4.21pour les tests avec fil Ag-AgCl. A travers ces courbes, il apparait également que nous sommes plus sensibles aux forces ioniques avec le fil d'or que le fil Ag/AgCl, surtout pour les faibles concentrations (10^{-5} et 10^{-4}). Les courbes de variation de tension en fonction de la concentration pour les solutions de NaCl+CH$_3$COOLi et CH$_3$COONa, nous indiquent que l'on mesure également des variations de la concentration en ions chlorure Cl$^-$. Cette sensibilité parasite est due à l'utilisation d'une électrode de référence Ag/AgCl qui possède une sensibilité de 55mV/pCl [TYME 04; LAND 10] ou aux imperfections de l'électrode intégrée Ti/Au qui dans notre cas présente une sensibilité 25mV/pCl.

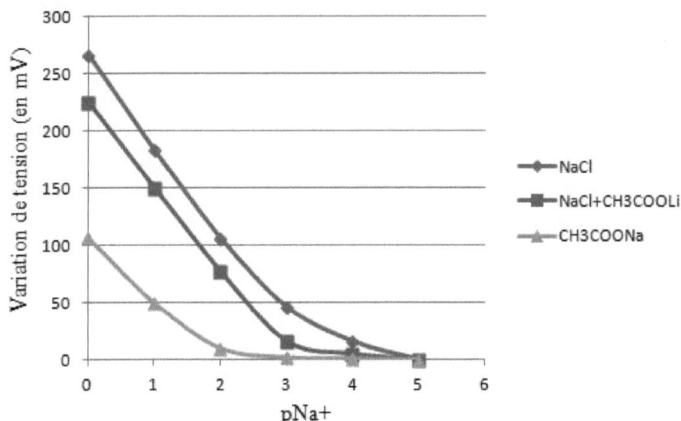

Figure 4.20 : Courbes de variation de tension pour différentes concentrations et solutions de NaCl réalisées avec un fil d'or comme contre électrode

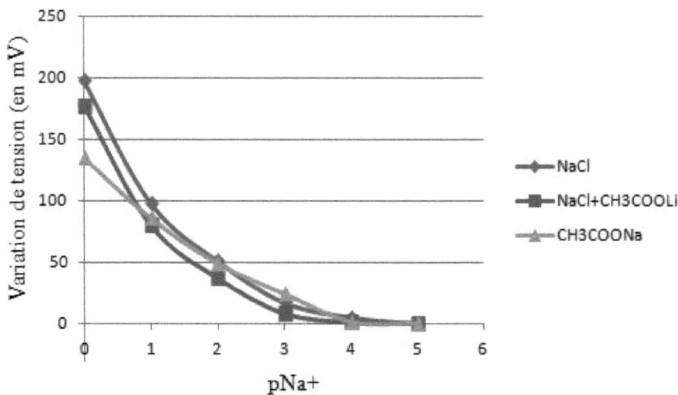

Figure 4.21 : Courbes de variation de tension pour différentes concentrations et solutions de NaCl réalisées avec un fil Ag/AgCl comme contre électrode

En recoupant toutes les courbes des premiers résultats, nous déduisons qu'avec un fil Ti/Au, nous avons une sensibilité au sodium de 50mV/pNa à partir d'une concentration de 10^{-2} et de 45mV/pNa à partir d'une concentration de 10^{-4} avec un fil Ag/AgCl.

Nous avons voulu refaire les mesures de pH et de pNa avec les solutions tampons et les différentes solutions à bases d'ions Na^+ quelques jours plus tard mais nous avons eu une variation de 7mV/pH et 5mV/pNa. Nous avons alors émis l'hypothèse qu'il pouvait y avoir une sélectivité possible entre le potassium et le sodium. En analysant les résultats, nous avons pensé que la structure de notre matériau sensible possède des sites qui peuvent fixer soit des ions de potassium, soit de sodium, soit un mélange des deux et qu'il pourrait y avoir une sélectivité possible si ces sites étaient saturés par des ions d'une espèce. Notre première expérience étant le test pH, nous nous sommes intéressés à la composition de ce genre de tampons et nous nous sommes rendu compte qu'ils étaient eux-mêmes composés de potassium et de sodium. Nous avons donc émis l'hypothèse que nos solutions tampons ont saturé nos sites d'accroches de l'ISFET avec un mélange de potassium et de sodium et par conséquent, il ne pouvait pas y avoir de sélectivité entre les deux espèces physiques lors de notre première série d'expériences.

Une deuxième série d'expérience devra être mis en place pour valider le fait que les solutions tampons ont saturé les sites d'accroches de l'ISFET avec un mélange de potassium et de sodium, en utilisant deux puces (côte à côte géographiquement sur le substrat d'origine) que nous aurions caractérisé électriquement au préalable puis que nous aurions mis en boitier. Nous nommerions les deux puces, capteur (A) et capteur (B). Nous commencerions par un test de pH sur les deux capteurs, mais en utilisant cette fois-ci des solutions pH (4 ; 7 ; 10) de notre fabrication, réalisées à l'aide d'acide chlorhydrique (HCl), d'hydroxyde de Tetramethylammonium (TMAH) et d'eau DI. Nous immergerions les ISFETs du capteur (A) sous une solution de chlorure de sodium saturée, tandis que le capteur (B) a quant à lui été immergé sous une solution de chlorure de potassium saturée durant un jour de manière à combler tous les cites d'accroches avec l'élément chimique destinée à être détecté. Un deuxième test pH serait alors envisageable avant de tester la sensibilité des deux capteurs aux ions Na^+ et K^+ à l'aide de différentes concentrations de $CH_3COONa+CH_3COOLi$ et $CH_3COOK+CH_3COOLi$. Tous ces tests devront être réalisés à l'aide d'une électrode commerciale au calomel saturé pour éviter l'impact sur la mesure des ions chlorure. Cependant, nous n'avons pas réalisé ces derniers tests car l'électrode commerciale n'est pas adaptée à la taille de notre système.

D'après nos premiers tests, le matériau que nous avons étudié et réalisé est sensible aux ions de potassium et de sodium. Il ne fait pas de différenciation entre les deux éléments chimiques. Dans la littérature, l'alumine et l'aluminosilicate font l'objet de discorde car ils sont alternativement décrit comme potentiellement fonctionnalisable et en utilisant un REFET pour obtenir une sélectivité [BACC 95], ou considéré comme non sélectifs [SHIN 03]. Dans les deux cas, ils implantent à travers une couche d'aluminium et du matériau sensible, des ions de potassium et de sodium. Le sodium et le potassium étant des contaminants pour la salle blanche et particulièrement pour la technologie MOS, il est nécessaire de dédié un implanteur, isolé du reste de la salle blanche, à cette fonction. Cette expérience coûte donc très cher et est difficilement exportable vers l'industrie. On en déduit donc d'après nos expériences et l'état de l'art, qu'il n'est pas possible d'obtenir un matériau sensible et sélectif des ions potassium ou sodium de manière simple et reproductible.

IV. Vers les mesures du potentiel d'action

Les travaux que nous avons menés jusqu'à ce point nous permettent de disposer des éléments suivants : des puces avec un réseau de NeuroFETs fonctionnalisé avec de la SU-8 3D permettant l'orientation des neurites lors de la croissance des neurones. Nous disposons également d'une électronique et des supports PCB avec puce NeuroFETs nécessaires à l'enregistrement de potentiels d'actions générés par des réseaux de neurones interconnectés et mis en culture. Cependant, les neurones de rétines de rats présentent des valeurs de potentiels d'actions inférieures à la gamme de mesure de l'électronique (inférieur à 500µV) [SZKU 12]. Nous n'avons donc pas pu mesurer les potentiels d'actions des cellules ganglionnaires de rétines de rats. Nous avons donc basé nos travaux sur des travaux de l'équipe de Peter Fromherz [FROM 05] relatifs à la mesure des potentiels d'action de neurones d'escargots. La première partie de ce paragraphe concerne l'obtention et la mise en culture des neurones d'escargots. La seconde partie sera consacrée à la culture sur puce avec NeuroFETs avant de présenter les résultats de détection neurale dans une troisième partie.

1. Culture de neurones d'escargots

a) Les Lymnaea Stagnalis :

Les escargots que nous avons utilisés pour prélever des neurones, sont une variété bien spécifique. Il s'agit de la Grande Limnée ou Limnée des étangs, plus couramment nommé sous leur nom latin : Lymnaea Stagnalis (figure 4.22). Il s'agit d'un escargot pulmoné d'eau douce qui mesure 3 à 4 cm. Cette limnée doit respirer de l'air par ses poumons et vit à des températures de 0 à 25°C. C'est un animal hermaphrodite très prolifique, il suffit de deux exemplaires pour fonder une colonie. Nous en avons obtenu de l'INRA, Unité expérimentale d'écologie et d'écotoxicologie aquatique de Rennes qui développe une souche protégée, baptisée *Renilys*. Nous les avons ensuite mis dans un aquarium oxygéné et nourris

Figure 4.22 : Photo de deux Lymnaea Stagnalis

exclusivement à la laitue. Cette espèce a un cycle quotidien de 14 heures de jour et 10 heures de nuit. Nous les avons donc mis dans une pièce possédant un contrôle de la lumière et qui était climatisée à 20°C pour créer des conditions optimales nécessaires à leur survie.

Figure 4.23 : Dessin des différentes parties d'un système nerveux d'escargot

Contrairement aux vertébrés, les escargots ne possèdent pas de cerveau mais un système cérébral. L'objectif est de récupérer, dans les meilleures conditions possibles, une partie de leur système nerveux. La figure 4.23 représente les différentes parties qui composent le système nerveux d'un escargot. Les parties 1 et 2 sont les ganglions cérébraux, 3 et 4 les ganglions pédaux, 5 et 6 les ganglions pleuraux, 7 et 8 les ganglions pariétaux et la partie 9, le ganglion viscéral. Les parties qui nous intéressent sont les ganglions 1 et 2. En effet, c'est dans les ganglions cérébraux que nous pouvons recueillir les cellules primaires qui, mises en culture conforme, deviennent des neurones qui produisent des potentiels d'action. Il y a environ 10 000 neurones par partie mais tous ne développent pas de neurites. Il est donc bon de récupérer un grand nombre de cellules lors de la dissection de ces parties.

b) La dissection des cellules ganglionnaires cérébrales :

Avant de commencer à disséquer les escargots, deux solutions salines sont préalablement préparées. La solution (1) est composée 25% de Lystérine dans 51,3mM NaCl, 1,7mM KCl, 4,1mM de $CaCl_2$, 1,5mM $MgCl_2$ et 5mM HEPES (Sigma). La solution (2) est composée des mêmes produits que la solution (1) à l'exception de la listérine. Un escargot est immergé dans la solution (1) durant dix minutes. Cette étape permet de décontaminer l'ensemble du corps de l'escargot, d'endormir celui-ci et de rétracter le corps. L'escargot est sorti de la solution (1) et décoquillé à l'aide d'une pince. A l'aide d'un scalpel, on sépare le corps des organes de l'escargot. Le corps est ensuite déposé dans une boite de pétri et recouvert de la solution saline (2). Sous binoculaire, le corps est incisé de la bouche à la queue, laissant entrevoir le système cérébral de l'escargot qui se situe derrière la bouche. Le système cérébral est isolé du reste du corps (figure 4.24) et plongé dans une solution d'antibiotique à 150µg/mL (Sigma) durant dix minutes. La gentamicine permet de décontaminer le système cérébral. A partir de cette étape, nous évitons toute contamination. Pour cela, il est nécessaire de changer de lame de scalpel et d'utiliser des pinces stériles. Le système cérébral est déposé sur une boite de pétri et sectionné comme indiqué sur la figure 4.24 par des pointillés rouges, pour séparer les ganglions cérébraux, des ganglions pédaux et des autres ganglions. Les

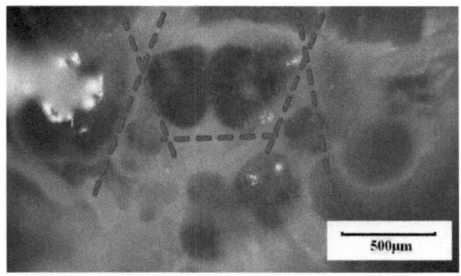

Figure 4.24 : Photo du système cérébral avec les différents ganglions et les chemins de dissections

différents types de ganglions sont séparés et mis dans trois tubes contenant une solution (3) composée de 1,33mg/mL de collagenase et 0,67mg/mL de trypsine dans la solution saline(2) durant 40 minutes à 37°C. Durant ce temps, ces enzymes dénaturent les tissus graisseux qui entourent les ganglions. On retire ensuite la solution (3) en laissant les ganglions au fond du tube. On inactive les enzymes avec l'aide d'un milieu de culture composé de Leibovitz L15, 20µg/mL gentamycine, 30mM glucose, 150µg/mL glutamine (Sigma) qui compose la solution (4). On ajoute ensuite 150µL de ce même milieu et on dissocie les ganglions dans à la solution (4) à l'aide d'une petite pipette jusqu'à ce que l'on ne puisse plus distinguer de tissus dans la solution. On reproduit cette dernière étape pour les trois types de ganglions pour obtenir deux types de neurones utilisés (cérébraux et pédaux).

c) Mise en culture des neurones :

Avant de mettre le milieu de culture contenant les cellules sur les supports avec NeuroFETs, ceux-ci sont préalablement préparés. En effet, les supports sont d'abord passés au plasma oxygène à 200W durant 30 secondes pour rendre la SU-8 hydrophile. De l'éthanol à 70% est ensuite déposé dans le cône de culture pendant 20 minutes pour décontaminer le support. L'éthanol est ensuite rincé et la puce est séchée à l'air libre. La puce est ensuite successivement fonctionnalisée avec de la poly-L-Lisine (Sigma) à 1mg/mL durant deux heures et de la laminine (Sigma) durant une heure. Pour finir, la puce est rincée une fois à l'eau DI. Les supports sont alors prêts pour recevoir les cellules. Le cône de culture est alors rempli de 175µL de solution (4) et on y ajoute 25µL de solution contenant les cellules. Les cellules sont ensuite laissées durant trois jours en culture à 20°C. L'observation quotidienne des puces nous permet de voir le bon développement des cellules et de rajouter du milieu de culture dû à l'évaporation. Au final, la zone sensible de la puce NeuroFET avec des neurones d'escargots ressemble à la cartographie de la figure 4.25. Pour s'assurer de la viabilité des neurones, nous avons utilisé un kit LIVE/DEAD (Invitrogen) (cf. Chapitre 3) qui fait apparaitre les cellules vivantes (figure 4.26) et les cellules mortes (figure 4.27). Ce test révèle un grand nombre de cellules vivantes, ceci après trois jours de culture.

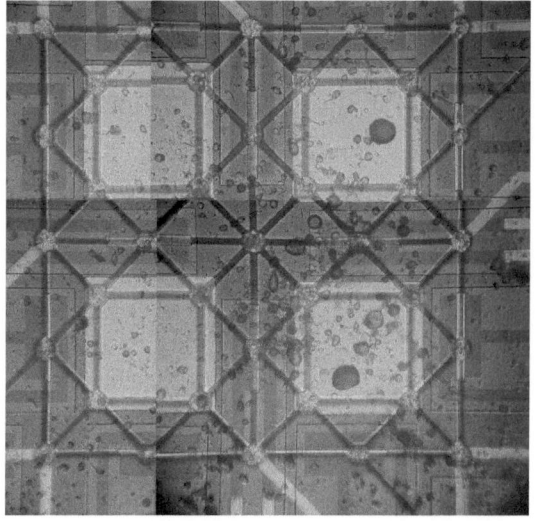

Figure 4.25 : Photo de la zone sensible d'une puce avec culture de neurones pédaux d'escargots

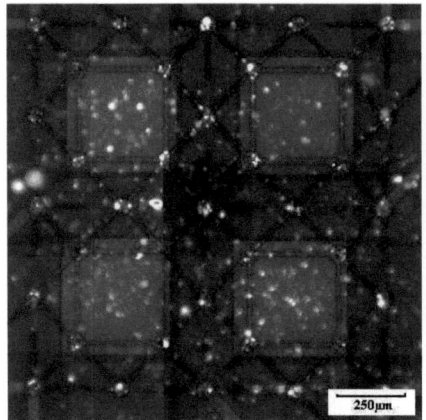 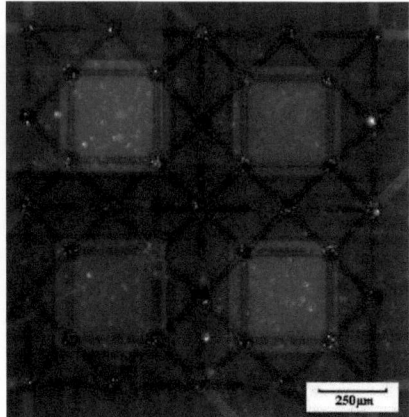

Figure 4.26 : Photo d'une puce avec marquage de cellules vivantes

Figure 4.27 : Photo de la même puce avec marquage des cellules mortes

2. Mesure de potentiels d'actions à l'aide des NeuroFETs

a) <u>Mise en place de l'expérience avec toxines</u>:

Une fois la culture de neurones de cérébraux et pédaux validée, des mesures électriques de l'activité neuronale ont été réalisées sur le banc de mesure qui a servi pour les mesures de sensibilités d'ISFET Na^+ et K^+. Pour des questions de simplicité, l'électrode Ag/AgCl a été utilisée comme électrode de polarisation dans le milieu de culture. De nombreux tests ont été réalisés afin d'observer une activité spontanée de potentiels d'action. Cependant, aucune activité n'a été observée. Nous avons donc déplacé le banc d'expérience sous Sorbonne pour nous permettre d'avoir recours à une toxine qui déclenche des trains de potentiel d'action spontané et qui a déjà été utilisé dans la littérature pour ce type de neurones [MOCC 09] : la picrotoxine. La picrotoxine est un composé chimique extrait de la coque du levant. Mortelle à forte dose, elle est aussi toxique pour l'homme car elle provoque des convulsions. Elle est un inhibiteur des canaux ioniques $GABA_A$. Leur inhibition revient donc à une augmentation de l'activité électrique du cerveau, source des convulsions. Nous avons donc ajouté 20µM de picrotoxine (Sigma) dans le milieu de culture, en laissant active l'acquisition des mesures. Une vingtaine de secondes après, des signaux sont déclenchés. Ces signaux (figure 4.28) sont composés de pics avec une amplitude de 20mV à 220mV crête à crête au bout de d'une dizaine de minutes. Ces pics reviennent avec une pseudo-périodicité comprise entre 0,5ms à 3ms. Bien que ces signaux soient apparus après l'ajout de picrotoxine, nous ne pouvions certifier à ce moment-là qu'ils s'agissent bien de potentiels d'action.

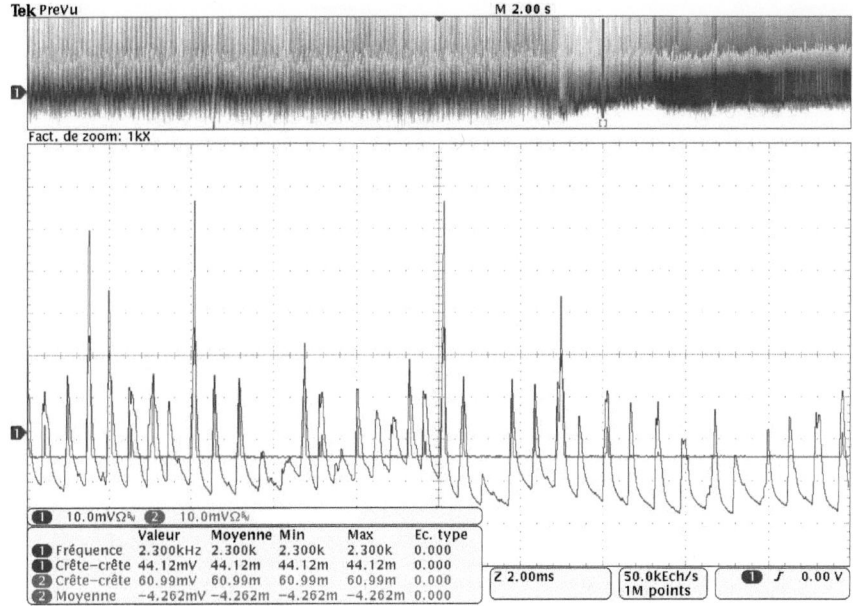

Figure 4.28 : Capture d'écran de l'oscilloscope Tektronix DPO4034 durant la mesure de potentiels d'action déclenché par la présence de picrotoxine dans le milieu de culture

Pour valider cela, il faut que nous puissions stopper ces signaux. Pour ce faire, nous avons utilisé la toxine antagoniste à la picrotoxine : l'acide γ-aminobutyrique plus communément appelé GABA. Contrairement à la picrotoxine, le GABA est un inhibiteur neurotransmetteur du système nerveux. Les effets inhibiteurs du GABA servent à contrebalancer les effets excitateurs du glutamate. Après avoir changé le milieu de culture, nous avons mis dans celui-ci, 100µM de GABA. Après une minute, nous avons observé un ralentissement de la pseudo-périodicité, autour d'une centaine de millisecondes lors de la capture d'écran faite sur l'oscilloscope Tektronix DPO4034 (figure 4.29). Au bout de 5 minutes, les signaux ne présentaient plus aucun pic. Nous avons donc validé le fait qu'ils s'agissaient bien de signaux provenant des neurones, par conséquent de train de potentiels d'action.

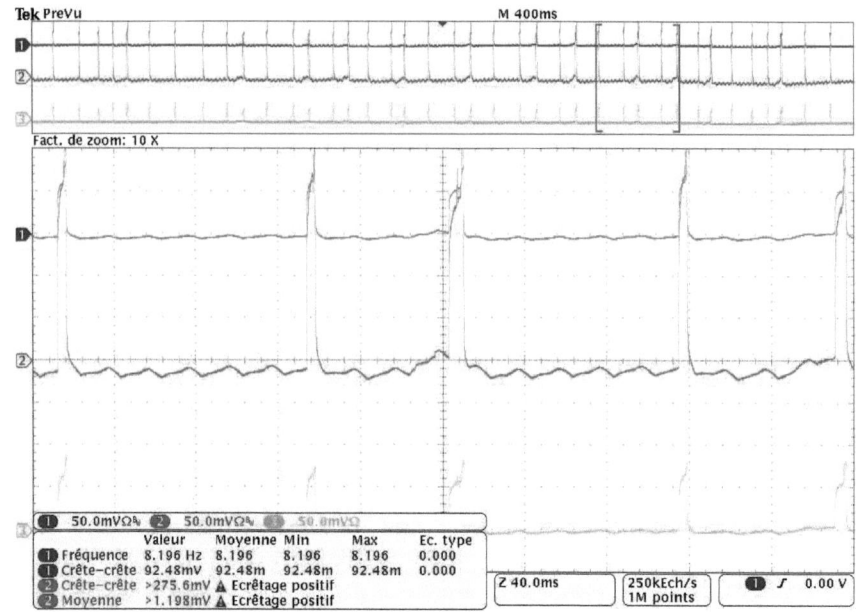

Figure 4.29 : Capture d'écran de l'oscilloscope Tektronix DPO4034 durant la mesure de potentiels d'action ralenti par la présence de GABA dans le milieu de culture

Cependant, nous ne savions pas si les neurones avaient effectivement été mis sous silence grâce au GABA, tués par celui-ci ou bien endommagés lors du retrait de milieu de culture. Nous avons une nouvelle fois changé le milieu de culture des cellules et nous avons réinjecté 100µM de picrotoxine. L'effet de la picrotoxine réapparut après quelques secondes en réactivant les trains de potentiels d'action. Afin de valider le fait que ce ne soit pas la picrotoxine ou le GABA seul qui provoquent les différents signaux, nous avons nettoyé la puce ayant fourni ces résultats de tout neurone. Nous avons ensuite refait la même expérience, picrotoxine / GABA / picrotoxine et nous n'avons observé aucun signal.

b) Analyse et discussion des résultats :

L'expérience précédente a démontré que le système de NeuroFET plus électronique associée est capable de mesure un signal provenant de neurones. Nous avons identifié le numéro d'un transistor qui a fourni le plus fort signal de la puce (signal rouge sur la figure 4.29) à l'aide de la cartographie de la zone sensible faite avant l'expérience. Il est apparu que le NeuroFET en question possédait plusieurs neurones sur leurs grilles. Les signaux observés sur ce capteur étaient une combinaison des différents potentiels électriques de l'ensemble des neurones présents. Les signaux présents sur les autres capteurs n'étaient alors qu'une image de ces neurones qui se propageait à travers le milieu de culture, d'où la diminution d'amplitude des signaux. De plus, les potentiels d'action observés avaient au maximum une amplitude de 220mV à la sortie de l'électronique. Sachant que le montage amplificateur de l'électronique associée possède un gain amplificateur de 2, nous avons en réalité mesuré des potentiels d'action de 110mV. Ceci est en adéquation avec les résultats des publications

[MART 11; MALI 10]. En observant la figure 4.29, il apparait que le signal, quand le neurone est sous silence, est légèrement bruité. Ceci est dû à la salle dans laquelle se situe la Sorbonne utilisé pour cette expérience qui possède une ventilation et qui produit du bruit électrique qu'enregistre le NeuroFET. Pour pallier à ce problème de bruit, les mesures suivantes ont été réalisées dans une boite métallique reliée à la masse de la carte électrique, créant ainsi une cage de Faraday.

L'expérience précédente a été réalisée une nouvelle fois avec succès, mais avec des signaux mesurés qui avaient une amplification moindre et plus « bruyant » que la précédente (figure 4.30). L'identification du NeuroFET utilisé par le biais de la cartographie de la zone sensible a montré que les signaux ne provenaient pas de neurones présents sur l'électrode du capteur, mais d'un ensemble de neurones présent en surface de la SU-8 3D à proximité de ce transistor.

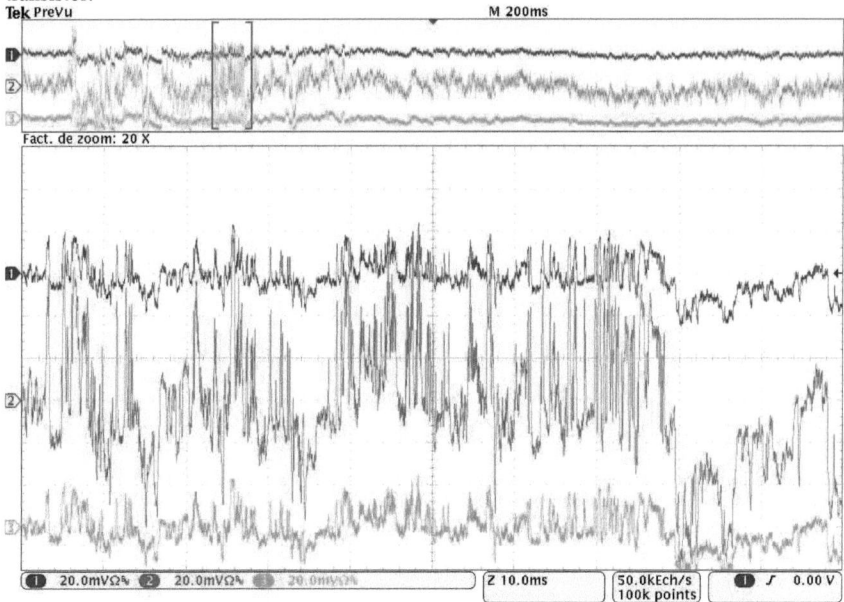

Figure 4.30 : Capture d'écran de l'oscilloscope Tektronix DPO4034 durant la mesure de potentiels d'action après ajout de picrotoxine lors de la deuxième expérience

En conclusion, nous n'avons réussi à observer une activité neuronale que sur deux puces. Ceci est dû à la probabilité d'avoir un neurone sur une électrode ou à proximité d'un NeuroFET en état de marche. De plus, les ganglions cérébraux ne contiennent pas que des neurones produisant des potentiels d'action. En effet, ceux-ci sont composés de *clusters* (grappe en français) (figure 4.31), qui contiennent des types de neurones différents. Seuls les clusters A et B produisent des potentiels d'action [CHEU 06]. Les autres sont soit silencieux, soit ont une activité

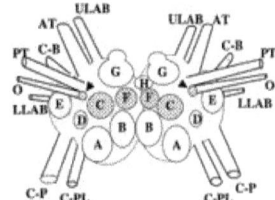

Figure 4.31 : Ganglions cérébraux avec *clusters*

irrégulière ou de type *pacemaker* qui n'est pas enregistrable par nos capteurs. Sachant qu'il nous était impossible de sélectionner et prélever les *clusters* souhaités, nous avons pris l'ensemble des neurones de tous les clusters. Il est donc normal d'avoir une faible probabilité de voir une activité neuronale régulièrement.

3. Régénération des puces pour réutilisation

Ce qui a permis de faire de nombreuses expériences est le fait de pouvoir réutiliser les supports avec NeuroFETs après nettoyage. Pour cela, les cônes de culture sont vidés de leurs contenus et rincés à l'eau DI dix fois pour enlever la plus grosse partie des toxines présente (Picrotoxine et GABA). De l'eau DI est ensuite laissée durant 10 minutes pour dénaturer les cellules qui se désagrègent. L'eau DI est enlevé puis remplacer par du savon liquide, hypoallergénique par exemple. Un tissue en papier est utilisé pour nettoyer l'intérieur du cône de culture à la manière d'une flûte de champagne. Puis le support est ensuite passé sous l'eau à jet intense durant une minute puis sécher à l'azote. Les supports sont alors propres de toutes cellules et toxines dues à l'expérience précédente et peuvent à nouveau être préparés pour un dépôt de culture neuronal (plasma oxygène / Ethanol 70% / poly-L-Lysine + Laminine).

Conclusion

Une mise en boitier des puces NeuroFETs et ISFETs Na^+/K^+ a été réalisée à l'aide d'un support PCB préalablement sérigraphié de pâte à braser et connecté aux pistes électriques du composant par report de puce. La zone sensible est ensuite isolée des pistes électriques et un cône de culture est collé sur le support PCB de manière à avoir une zone de culture au-dessus de la zone sensible du composant. Une carte électronique a été réalisée pour le projet avec une interface de connexion pour les supports en entrée et l'accès à tous les signaux en sortie puis caractérisée. Des tests de sensibilités aux pHs, aux ions potassium et aux ions sodiums ont été réalisés à l'aide des ISFETs sensible Na^+ et K^+. Ces tests ont montré une sensibilité aux différents ions mais sans une sélectivité entre eux. Pour finir, un protocole de mise en culture de neurones de *Renylis*, escargots d'eau, après extraction du système cérébral, a été mis en place pour obtenir au final, la mesure de potentiels d'action à l'aide des puces NeuroFETs et de l'électronique associée.

Références :

[BACC 95]   Z.M. Baccar, N. Jaffrezic-Renault, C. Martelet, H. Jaffrezic, G. Marest and A. Plantier, *Sensors and Actuators B : Chemical*, Vol. 32, pp. 101-105 (1995).

[BERG 03]   P. Bergveld, *Sensors and Actuators B: Chemical*, Vol. 88, pp. 1-20 (2003).

[CHEU 06]   U. Cheung, M. Moghaddasi, H.L. Hall, J.J.B. Smith, L.T. Buck and M.A. Woodin, *The Journal of Experimental Biology*, Vol. 209, pp. 4429-4435 (2006).

[CHO 05]   M.G. Cho, K.W. Paik, H.M. Lee, S.W. Booh and T-G Kim, *Journal of Electronic Materials*, Vol. 35, n°1, pp. 35-40 (2005).

[FROM 05]   M. Merz and P. Fromherz, *Advanced Functional Materials*, Vol. 75, n°5, pp. 739-744 (2005).

[HUME 06]   I. Humenyuk, B. Torbiéro, S. Assié-Souleille, R. Colin, X. Dollat, B. Franc, A. Martinez, P. Temple-Boyer, *Microelectronics Journal*, Vol. 37, n°6, pp. 475-479.

[LAND 10]   M.W. Shinwari, D. Zhitomirsky, I.A. Deen, P.R. Selvaganapathy, M.J. Deen and D. Landheer, *Sensors*, Vol. 10, pp. 1679-1715 (2010).

[LARR 13]   F. Larramendy, F. Mathieu, S. Charlot, L. Nicu and P. Temple-Boyer, *Sensors and Actuators B: Chemical*, Vol. 176, pp. 379-385 (2013).

[MALI 10]   A. Malik and L.T. Buck, *The Journal of Experimental Biology*, Vol. 213, pp.1126-1136 (2010).

[MART 11]   M. Martina, C. Luk, C. Py, D. Martinez, T. Comas, R. Monette, M. Denhoff, N. Syed and G.A.R. Mealing, *Journal of Neural Engineering*, Vol. 8, pp. 0340002 (2011).

[MOCC 09]   F. Moccia, C. Di Cristo, W. Winlow and A. Di Cosmo, *Neuroscience*, Vol. 9, pp. 29-41 (2009).

[SHIN 03]   P-K. Shin and T. Mikolajick, *Applied Surface Science*, Vol. 207, pp. 351-358 (2003).

[SZKU 12]   H.J. Szkudlarek, P. Orlowska and M.H. Lewandowski, *Plos One*, Vol. 7, n°3, pp. e33083

[TYME 04]   L. Tymecki, Z. Zwierkowska and R. Koncki, *Analytica Chimica Acta*, Vol. 526, n°1, pp. 3-11 (2004).

Conclusion générale et perspectives

Au cours de cette thèse, nous avons abordé l'interfaçage entre des neurones et des puces électroniques pour la mesure de potentiels d'actions. Nous avons d'abord montré l'intérêt de l'interfaçage entre l'homme et la machine pour des applications médicales. Trois exemples ont été choisis pour illustrer cet intérêt : le contrôle d'objet virtuel ou mécanique grâce à des stimulations électriques provenant du cerveau, la langue électronique ou encore la rétine artificielle. Ces exemples ont conduit à montrer l'intérêt de pouvoir mesurer l'activité électrique du cerveau et plus particulièrement de ses connexions réalisées par le biais des neurones. Après avoir défini le vocabulaire utilisé pour décrire les neurones, nous nous sommes attardés sur différents moyens de mesurer l'activité électrique des neurones tels que les MEAs, les électrodes, les puces à bases de transistors, les neuropuces et la technique du *Patch-Clamp*. A partir de là, nous avons fait le choix par rapport à l'état de l'art d'utiliser un capteur à base de transistors que nous montons sur un support pour en faire une neuropuce.

Dans la seconde partie du manuscrit, nous présentons le cahier des charges que nous avons fait pour créer notre capteur puis les différentes simulations pour obtenir les caractéristiques désirées. Une présentation de la conception des différents masques de photolithographie a été faite avant de présenter le procédé effectué dans la centrale technologique du LAAS-CNRS permettant de réaliser nos dispositifs de type MOSFET, nommés NeuroFET. Une étude d'un matériau, de style alumine, sensible aux ions potassium et sodium a également été réalisée pour obtenir des capteurs de type ISFET, sensibles à ces mêmes ions. Ces capteurs ont également été réalisés en salle blanche.

Dans l'état de l'art, nous avons montré l'intérêt de fonctionnaliser nos capteurs pour orienter la croissance de l'axone. Nous avons fait le choix d'utiliser une contrainte mécanique en SU-8 pour créer des sites, permettant d'isoler un neurone sur les grilles de nos capteurs, et des canaux, permettant d'orienter l'axone lors de son développement. Nous avons d'abord présenté les différentes méthodes envisagées pour réaliser ces canaux comme la double insolation, puis celle testée : le laminage. Nous avons montré les avantages et les inconvénients de cette technique. Mais l'arrivée d'un nouvel appareil de photolithographie par projection nous a permis de développer notre propre technique. En effet, l'utilisation de la défocalisation des rayons UV permettant d'insoler la résine, nous a permis de réaliser des canaux en SU-8 en une seule insolation et un seul masque de photolithographie, là où la technique du laminage en imposait deux. Nous avons pu réaliser des puces avec canaux en SU-8 3D et faire nos premiers tests de neurones sur puces. Ceux-ci nous ont montré que la résine SU-8 n'était pas biocompatible sans traitements optiques, chimiques, thermiques et plasmiques supplémentaires. Nous avons ensuite pu valider que nous pouvions faire une culture neuronale sur nos puces à NeuroFETs et que nos dispositifs permettaient d'orienter les différents axones lors de leur croissance grâce à notre partenariat avec l'Institut de la Vision à Paris.

Dans la dernière partie du manuscrit, nous avons en premier lieu présenté les techniques qui nous ont permis de réaliser nos neuropuces. Nous avons utilisé des puces avec NeuroFETs et fonctionnalisées avec la SU-8 3D. Sur des supports de type PCB, nous avons fait des bumps en pâte à braser que nous avons déposés par sérigraphie. Nous avons ensuite reporté nos dispositifs sur le support par contact *Flip-Chip*. Nous avons isolé la zone sensible des capteurs, du reste des pistes électroniques et nous avons mis un cône de culture, permettant ainsi d'avoir une zone dédiée à la culture neuronale sur notre zone sensible, totalement isolée du reste de l'électronique. Une électronique associée a été conçue et réalisée au LAAS-CNRS. Elle possède deux parties distinctes. La première permet de polariser tous les NeuroFETs de la même façon et pour pouvoir mesurer en parallèle. A la sortie de cet étage de polarisation, il est possible de mesurer les variations continues utiles pour la mesure du pH, pNa ou pK. La seconde partie de la carte électronique est l'étage d'amplification qui supprime le bruit provenant de l'électronique et amplifie les signaux mesurés. Cette carte électronique fut ensuite testée et validée et nous a permis de tester nos ISFETs sensibles aux ions sodium et potassium. Pour faire nos tests de mesure du potentiel d'action, nous avons utilisé des neurones provenant de Lymnaea Stagnalis. Ces derniers tests nous ont permis de faire la preuve de concept et de valider le fonctionnement de l'ensemble du projet après que nous ayons mesuré le potentiel d'action de neurones après une série de stimulation à l'aide de picrotoxine et de GABA.

De nombreuses perspectives peuvent être envisagées à la suite de ces travaux. En effet, à court terme, il reste encore à valider le concept des ISFETs sensibles aux ions sodium et potassium à l'aide d'une électrode commerciale au calomel saturé et étudier plus en détails si l'on peut obtenir une réelle sélectivité entre les deux espèces chimiques. Pour la partie mesure du potentiel d'action, d'autres tests sont à prévoir en mettant l'accent plus particulièrement sur la sélectivité des neurones que nous mettons en culture de manière à maximiser les chances de pouvoir observer des potentiels d'actions.

Deux projets prenant la suite de ces travaux sont également à l'étude au LAAS-CNRS. Le premier consiste à diminuer la taille des NeuroFETs pour augmenter le nombre de capteurs et faire des mesures localisées des potentiels d'action des neurones. La seconde consiste à faire des nanoélectrodes sur pointes, permettant de venir en contact avec le neurone et avoir la possibilité de faire des mesures intracellulaires.

D'autres projets peuvent également prendre la suite de ces travaux. Par exemple, nous avons parlé du glutamate dans la partie de la langue électronique. Il faut savoir que le glutamate est une substance qui entre dans la composition d'un des neurotransmetteurs, le plus indispensable dans le fonctionnement du cerveau. Il s'agit également, paradoxalement, du tueur le plus important de neurones. Certaines expériences ont montré que si l'on dépose du glutamate sur un neurone celui-ci finit par mourir au bout de quelques minutes. Donc nous nous trouvons devant un fait étrange : le glutamate est à la fois un neurotransmetteur important mais également une substance toxique pour les neurones. Il serait donc envisageable de faire une culture neuronale sur des ChemFETs sensibles au glutamate pour venir mesurer ses concentrations.

ANNEXES

Code ATHENA procédé reel

Dossier de masques

Courbes de l'analyse SIMS

Schémas électriques de l'électronique associée

Résumés Français - Anglais

Code ATHENA procédé réel

```
go athena

########################################################################
#----- Definition des parametres modifiables par l'utilisateur -----#

%define IMPCAISSONP boron dose=5e11 energy=50 rotation=0 crystal pearson
%define IMPNplusFav arsenic dose=1e16 energy=100 rotation=0 crystal pearson

#----------------- Substrat de depart ---------------------------#

Init infile=SOI3.str

structure outfile=step1_substrat.str

#--------- Oxyde de protection avant implantation de Pwell ---------#
method fermi compress
diffus time=60 temp=500 t.final=1150 dryo2 press=1.00

method fermi compress
diffus time=32 temp=1150 dryo2 press=1.00

method fermi compress
diffus time=60 temp=1150 weto2 press=1.00

method fermi compress
diffus time=60 temp=1150 dryo2 press=1.00

method fermi compress
diffus time=10 temp=1150 nitrogen press=1.00

method fermi compress
diffus time=60 temp=1150 t.final=500 nitrogen press=1.0

etch oxide start x=2 y=-1
etch continue x=43 y=-1
etch continue x=43 y=1
etch done x=2 y=1

method fermi compress
diffus time=80 temp=500 t.final=1000 dryo2 press=1.00

method fermi compress
diffus time=25 temp=1000 dryo2 press=1.00

method fermi compress
diffus time=15 temp=1000 nitrogen press=1.00

method fermi compress
diffus time=80 temp=1000 t.final=500 nitrogen press=1.0

#---------------------- Implantation du caisson P ----------------#

implant IMPCAISSONP

structure outfile=step2_implt_caissonP.str

#---------------------- Redistribution du P ----------------------#
```

```
method fermi compress
diffus time=55 temp=600 t.final=1150 nitrogen press=1.00

method fermi compress
diffus time=240 temp=1150 nitrogen press=1.00

method fermi compress
diffus time=110 temp=1150 t.final=600 nitrogen press=1.00

structure outfile=step3_redistrib_caissonP.str


#------------------- Ouverture Source et Drain ---------------------#

deposit photo thick=1.00 divisions=10

etch photo start x=23 y=-0.021
etch continue x=38 y=-0.021
etch continue x=38 y=-2
etch done x=23 y=-2

implant IMPNplusFav

etch photo all

structure outfile=step4_ouvert_SrcDr.str

#----------------------- Redistribution -------------------------#

method fermi compress grid.ox=0.005
diffus time=55 temp=600 t.final=1100 dryo2 press=1.00

method fermi compress
diffus time=25 temp=1100 weto2 press=1.00

method fermi compress
diffus time=55 temp=1100 dryo2 press=1.00

method fermi compress
diffus time=15 temp=1100 nitrogen press=1.00

method fermi compress
diffus time=110 temp=1100 t.final=600 nitrogen press=1.0

extract name="oxp+" thickness oxide mat.occno=1 x.val=7
extract name="oxn+" thickness oxide mat.occno=1 x.val=30

structure outfile=step5_redist_SrcDr.str

#--------------------- Ouverture de Grille -----------------------#

etch oxide start x=38 y=-1
etch continue x=43 y=-1
etch continue x=43 y=1
etch done x=38 y=1

structure outfile=step6_Ouvert_grille.str

#------------------------ Oxyde de grille ------------------------#
```

```
method fermi compress
diffus time=80 temp=500 t.final=1000 dryo2 press=1.00

method fermi compress
diffus time=65 temp=1000 dryo2 press=1.00

method fermi compress
diffus time=15 temp=1000 nitrogen press=1.00

method fermi compress
diffus time=80 temp=1000 t.final=500 nitrogen press=1.0

deposit nitride thick=0.050 divi=2

etch nitride start x=7 y=1
etch continue x=9 y=1
etch continue x=9 y=-2
etch done x=7 y=-2

etch nitride start x=30 y=1
etch continue x=32 y=1
etch continue x=32 y=-2
etch done x=30 y=-2

etch oxide start x=7 y=1
etch continue x=9 y=1
etch continue x=9 y=-2
etch done x=7 y=-2

etch oxide start x=30 y=1
etch continue x=32 y=1
etch continue x=32 y=-2
etch done x=30 y=-2

structure outfile=step7_oxide_nitrure_grille.str

#------------------------- Metallisation -------------------------#

deposit alumin thick=0.9 divi=3

etch alumin start x=0 y=0.3
etch continue x=5 y=0.3
etch continue x=5 y=-1
etch done x=0 y=-1

etch alumin start x=11 y=0.3
etch continue x=28 y=0.3
etch continue x=28 y=-1
etch done x=11 y=-1

etch alumin start x=34 y=0.3
etch continue x=36 y=0.3
etch continue x=36 y=-1
etch done x=34 y=-1

structure outfile=step8_metal.str

#------------------- Extract Design Parameters --------------------#

extract name="Pxj" xj silicon mat.occno=1 x.val=30 junc.occno=1
```

```
extract name="n++ sheet rho" sheet.res material="Silicon" mat.occno=1
x.val=30 region.occno=1
extract name="Idd sheet rho" sheet.res material="Silicon" mat.occno=1
x.val=42 region.occno=1
extract name="n++ surf conc" surf.conc impurity="Net Doping"
material="Silicon" mat.occno=1 x.val=30
extract name="chan surf conc" surf.conc impurity="Net Doping"
material="Silicon" mat.occno=1 x.val=42
extract name="VT" 1dvt ptype vb=0.0 qss=1e10 x.val=42

#-------------------- Nomination et Mirroir ----------------------#

structure mirror right

electrode name=gate x=43
electrode name=source x=33
electrode name=drain x=53
electrode name=subtart backside

structure outfile=ISFET_neuron.str

#-------------------- Plot the structure -------------------------#

tonyplot ISFET_neuron.str

#------------------------ Vt Test Ids(Vgs) ----------------------#

go atlas

#------------------------ Set material mode ----------------------#

models cvt srh print

contact name=gate workfunction=4.1
interface qf=1e10
method gummel newton

solve init

#---------------------- Bias the drain --------------------------#

solve vdrain=4

#------------------------ Mobility ------------------------------#

output flowlines e.mobility h.mobility

#------------------------ Ramp the gate -------------------------#

log outf=ISFET_neuron.log master
solve vgate=-3 vstep=0.3 vfinal=3 name=gate
output flowlines e.mobility h.mobility
save outf=ISFET_neuron.str

#------------------------- Measure Ids=f(Vds)Vgs -----------------#

log outf=ISFET_Measure(1V).log master
solve vgate=1
solve vdrain=0 vstep=0.1 vfinal=5 name=drain
output flowlines e.mobility h.mobility
log outf=ISFET_Measure(2V).log master
```

```
solve vgate=2
solve vdrain=0 vstep=0.1 vfinal=5 name=drain
output flowlines e.mobility h.mobility
log outf=ISFET_Measure(3V).log master
solve vgate=3
solve vdrain=0 vstep=0.1 vfinal=5 name=drain
output flowlines e.mobility h.mobility
log outf=ISFET_Measure(4V).log master
solve vgate=4
solve vdrain=0 vstep=0.1 vfinal=5 name=drain
output flowlines e.mobility h.mobility
save outf=ISFET_Measure(1V).str

#-------------------------- Plot results -------------------------#

tonyplot ISFET_neuron.log -set ISFET_neuron.set

quit
```

Dossier de masques

Niveau 1 (couleur verte quadrillée): Zone P (même niveau que les motifs d'alignements)

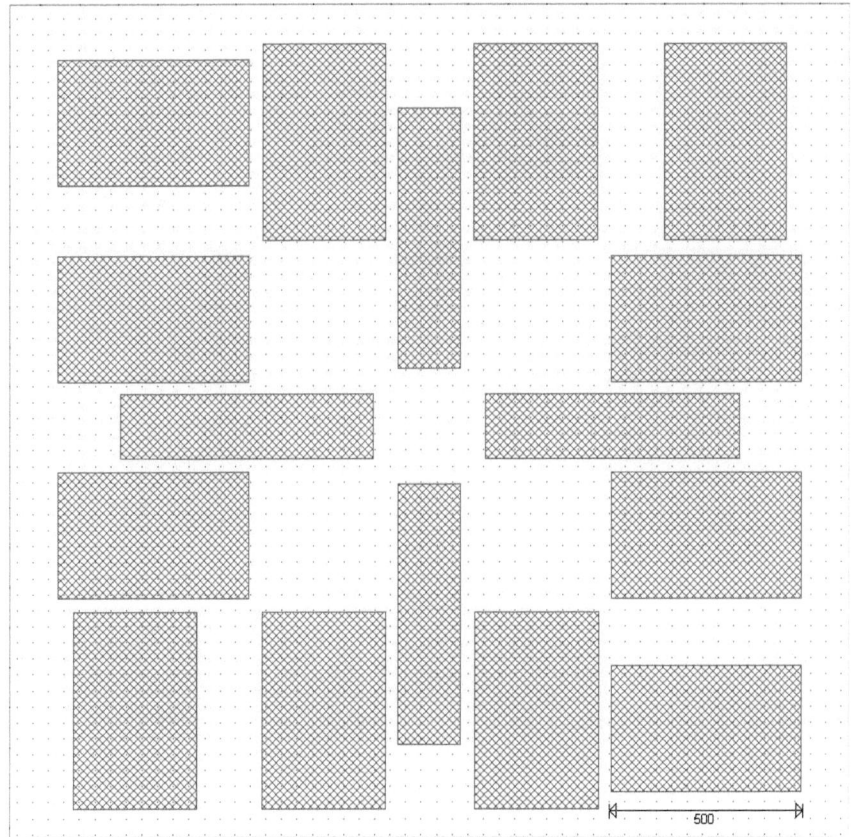

Niveau 2 (couleur rouge): Zone N+

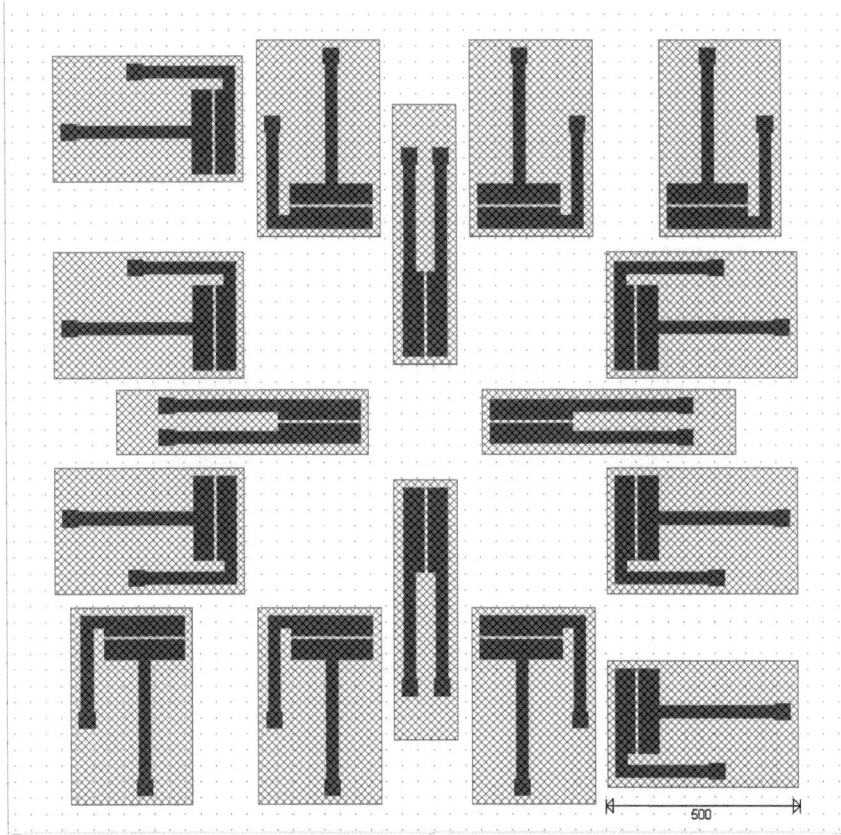

Niveau 3 (couleur grise foncée) : Grille

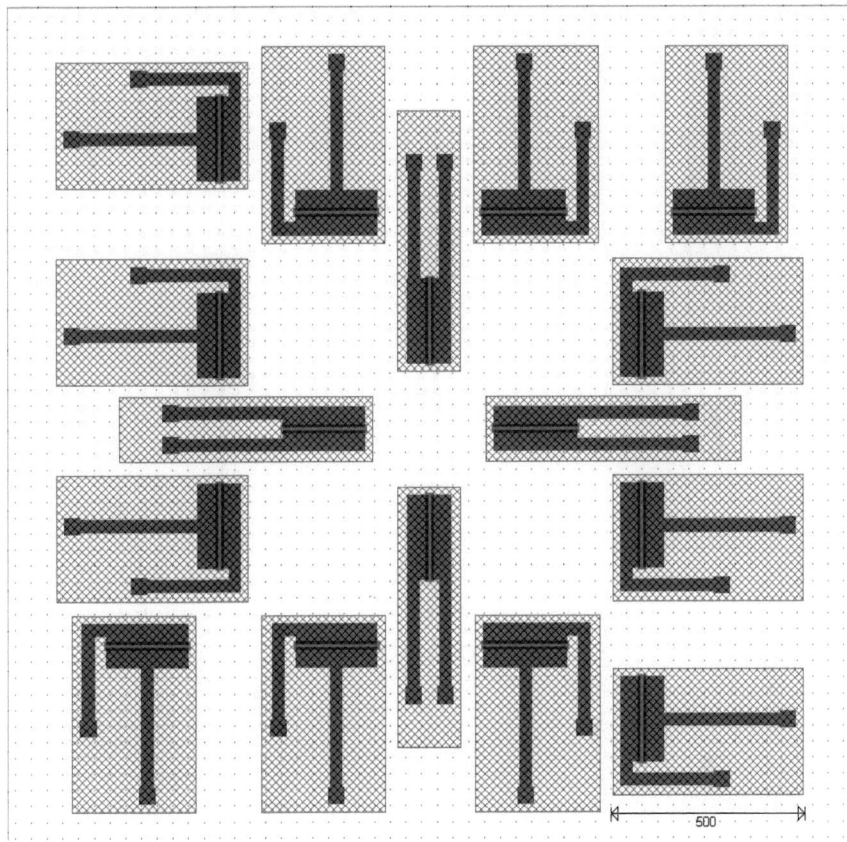

Niveau 4 (couleur grise encadrée): Contact

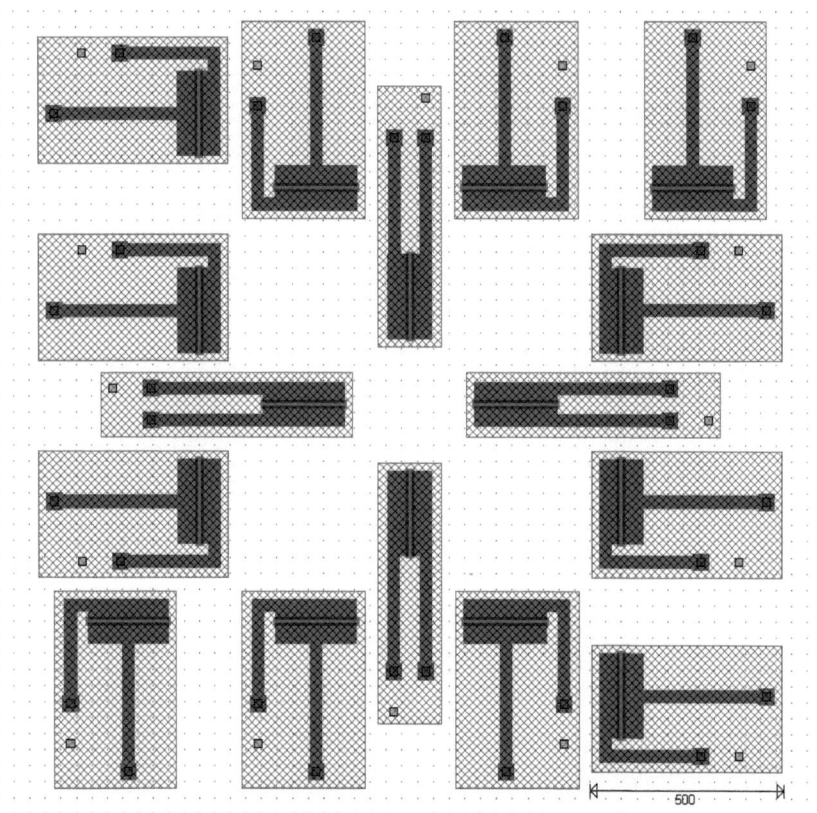

Niveau 5-1 (couleur jaune): Métallisation or MOSFET

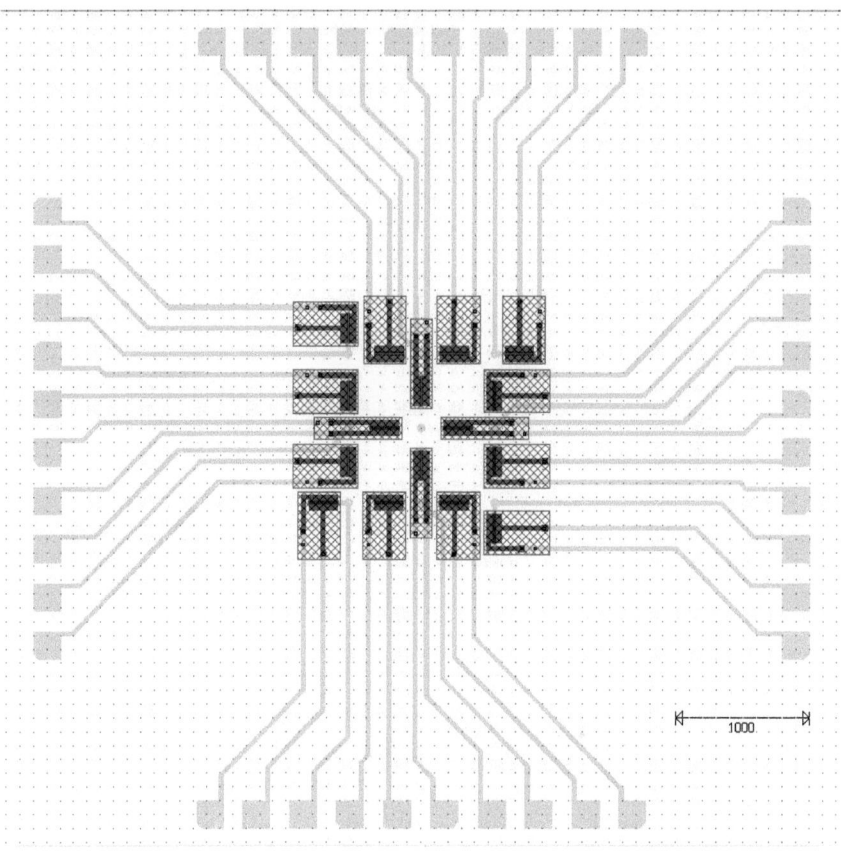

Niveau 6-2 (couleur violette) : Network Su-8

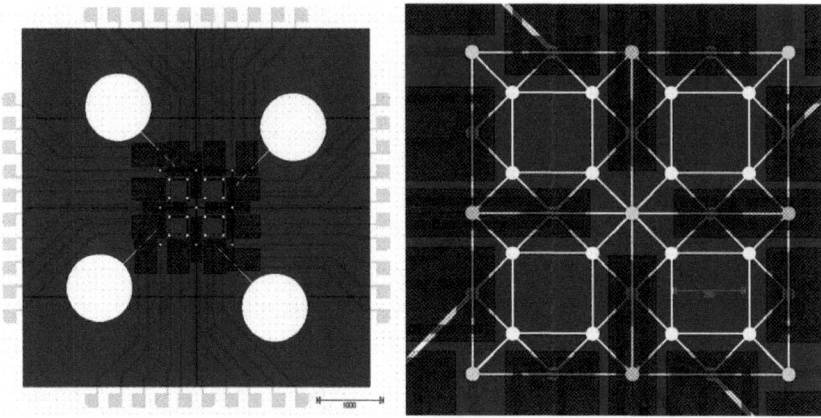

Niveau 6-3 (couleur violette) : Little Square Su-8

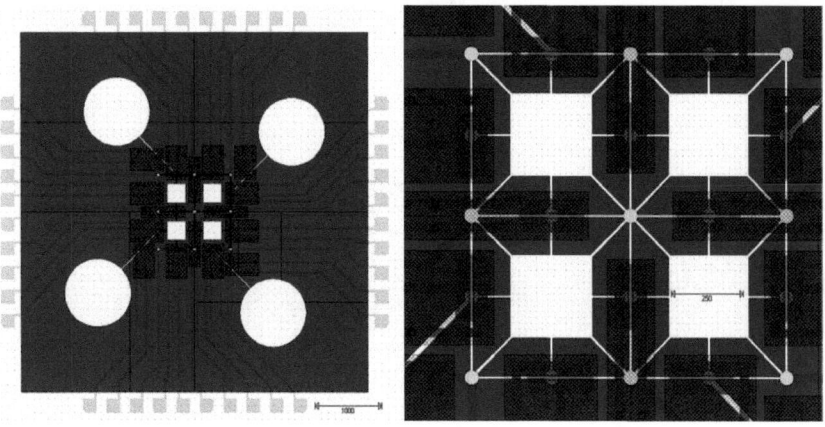

Courbes de l'analyse SIMS

Recuit 500°C 1 minute :

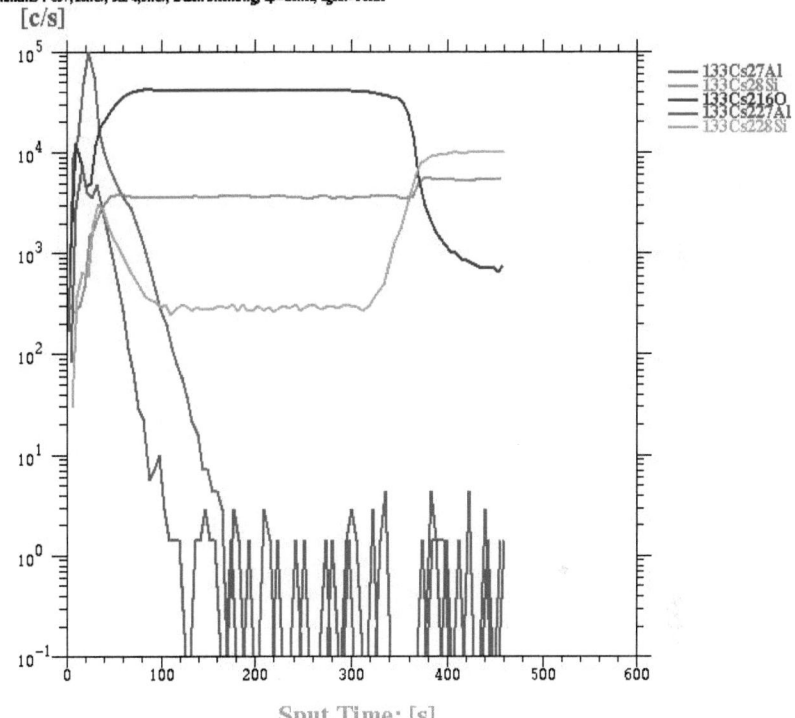

1e500-1min.dp 05.10.12

Recuit 500°C 2 minutes :

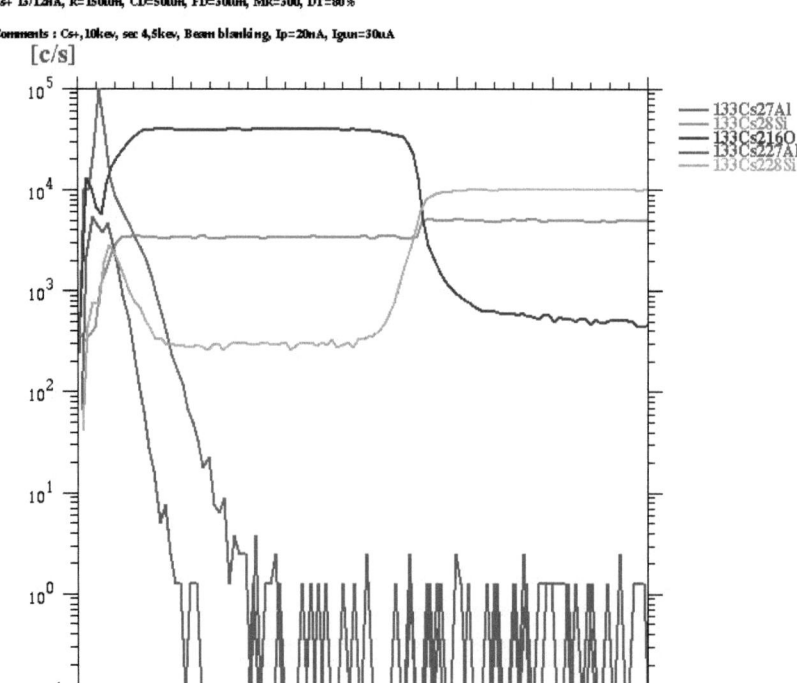

1e500-2min.dp 05.10.12

Recuit 500°C 5 minutes :

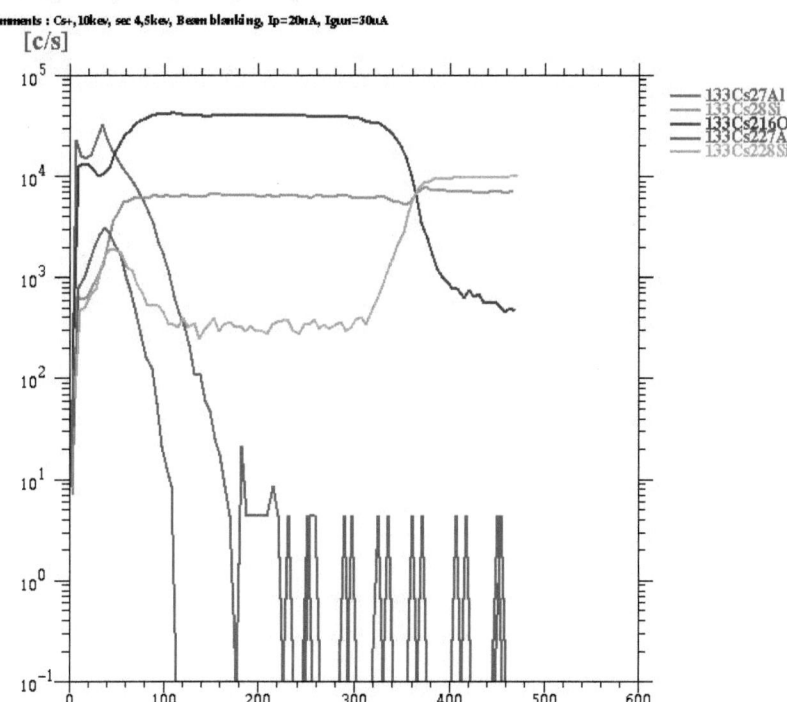

1e500-5min.dp 05.10.12

Recuit 500°C 10 minutes :

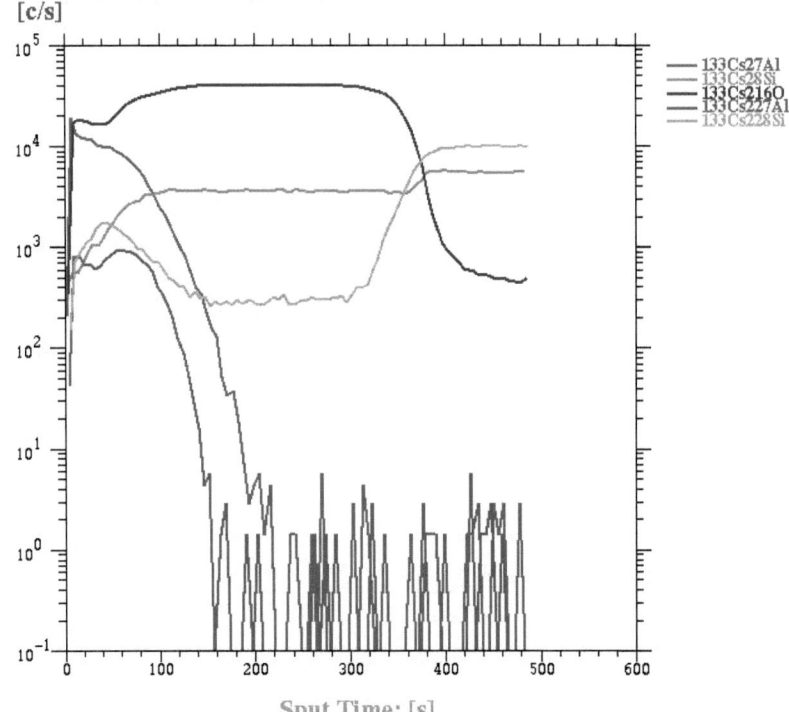

Recuit 500°C 15 minutes :

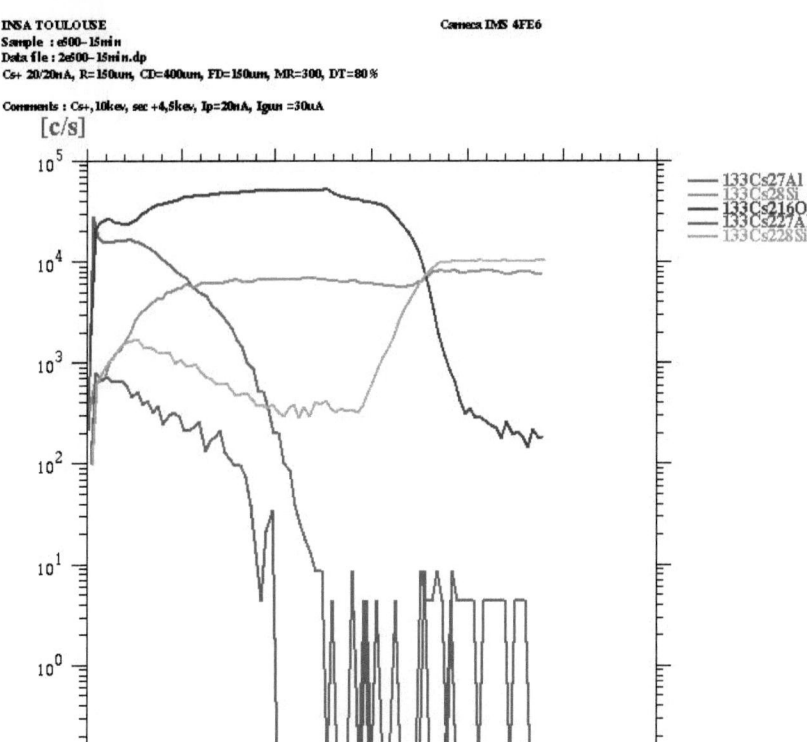

2e500-15min.dp 11.10.12

Recuit 500°C 30 minutes :

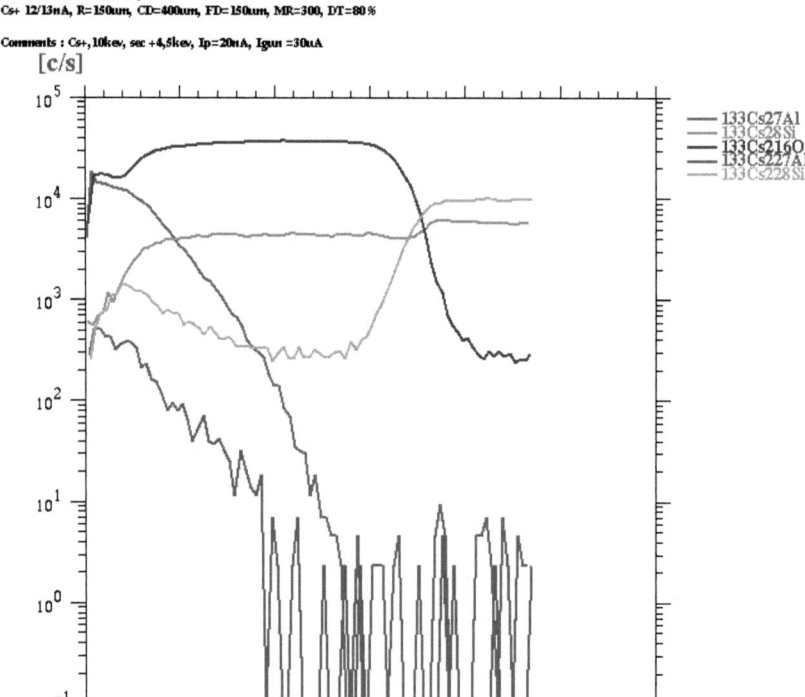

2e500-30min.dp 11.10.12

Non Recuit:

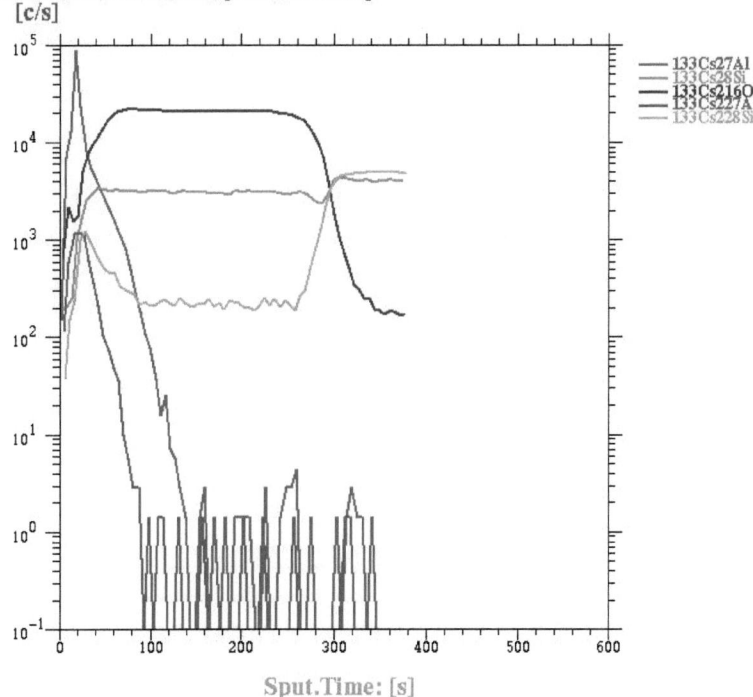

Recuit 400°C 20 minutes :

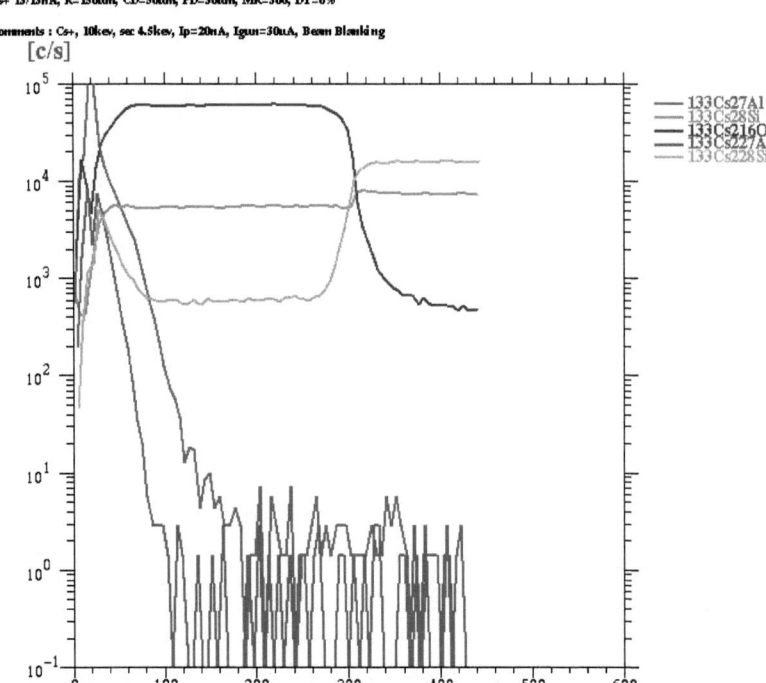

Recuit 450°C 20 minutes :

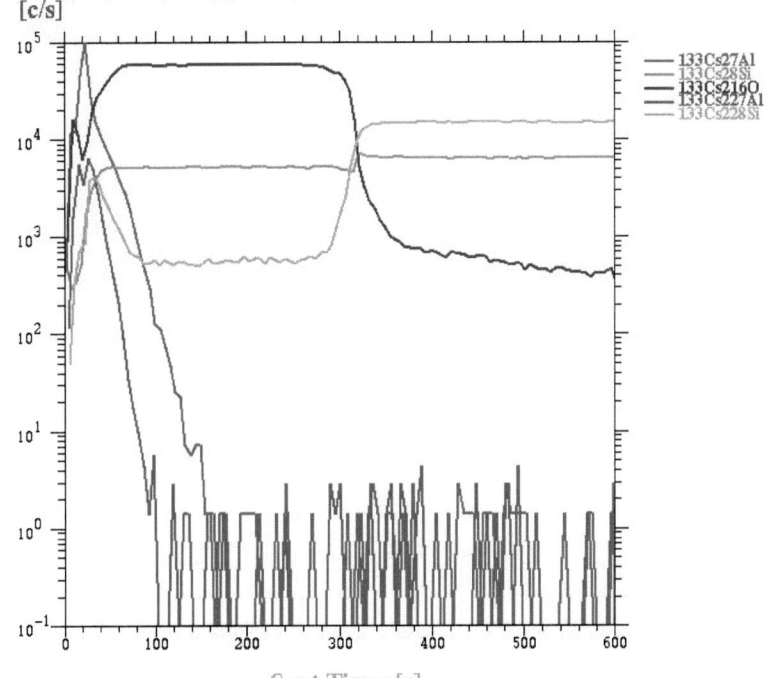

Recuit 500°C 20 minutes :

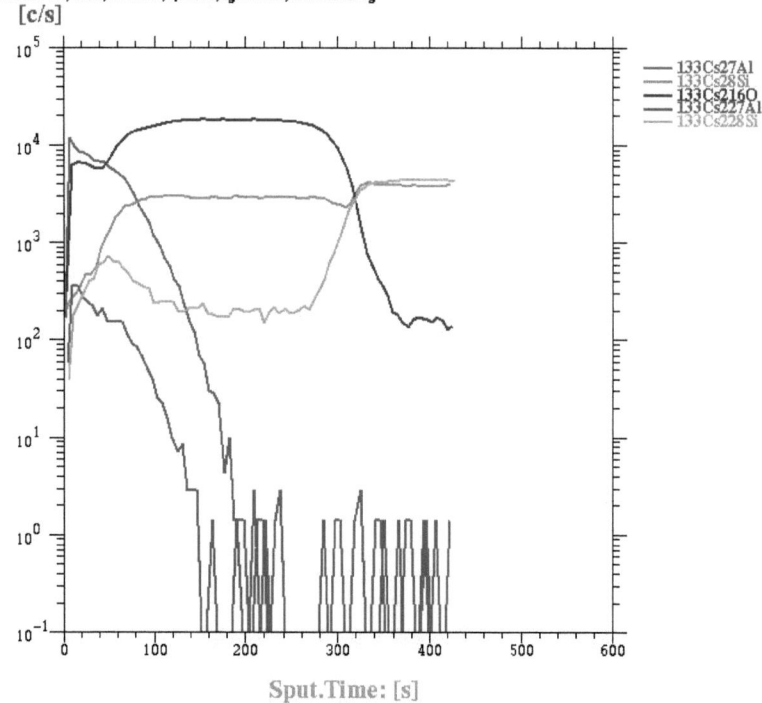

Recuit 550°C 20 minutes :

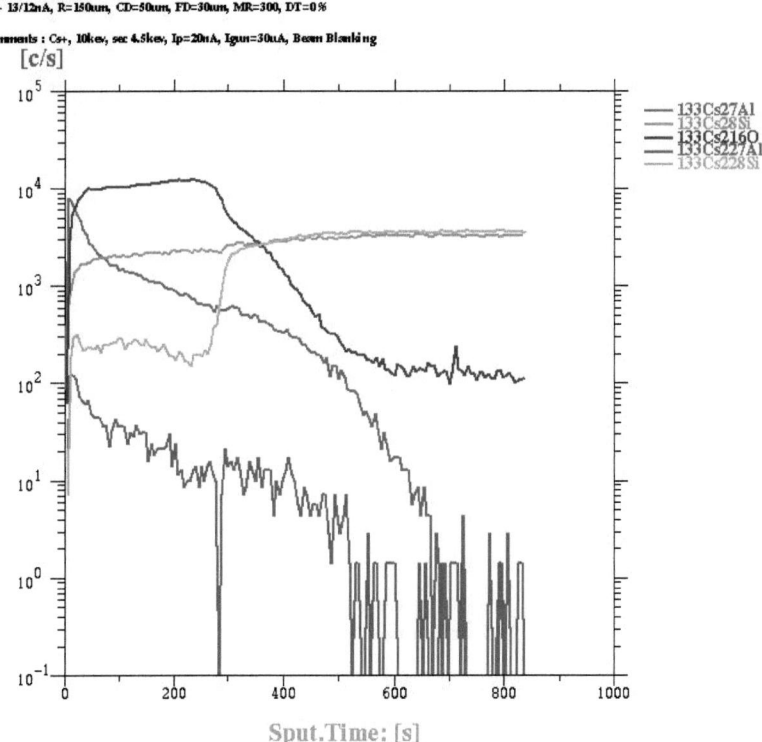

Recuit 600°C 20 minutes :

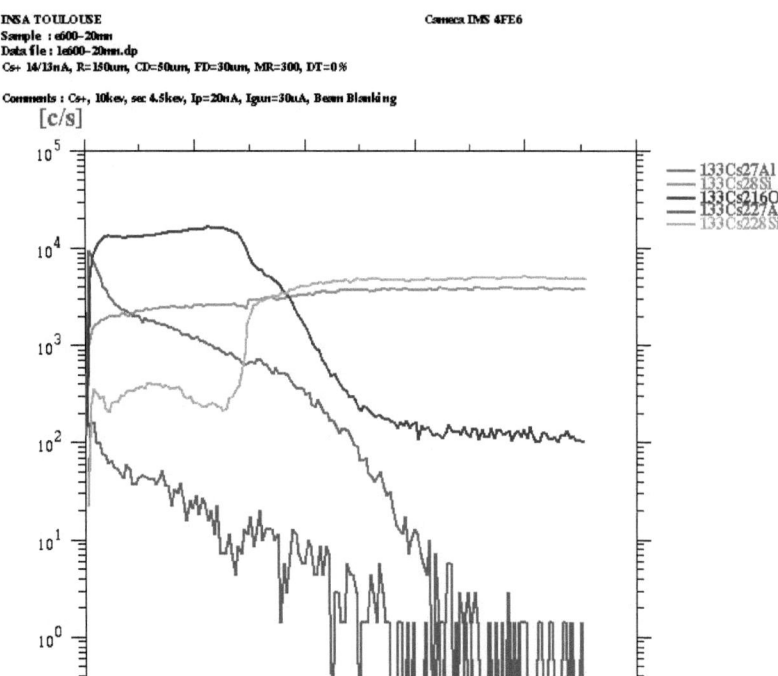

Schémas électriques de l'électronique associée

Schéma de polarisation du système :

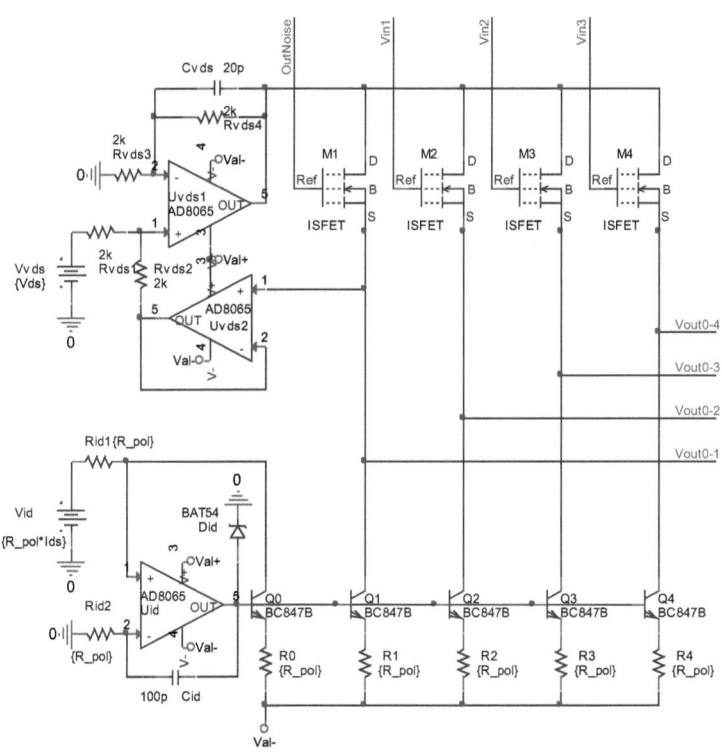

Schéma de l'étage d'amplification :

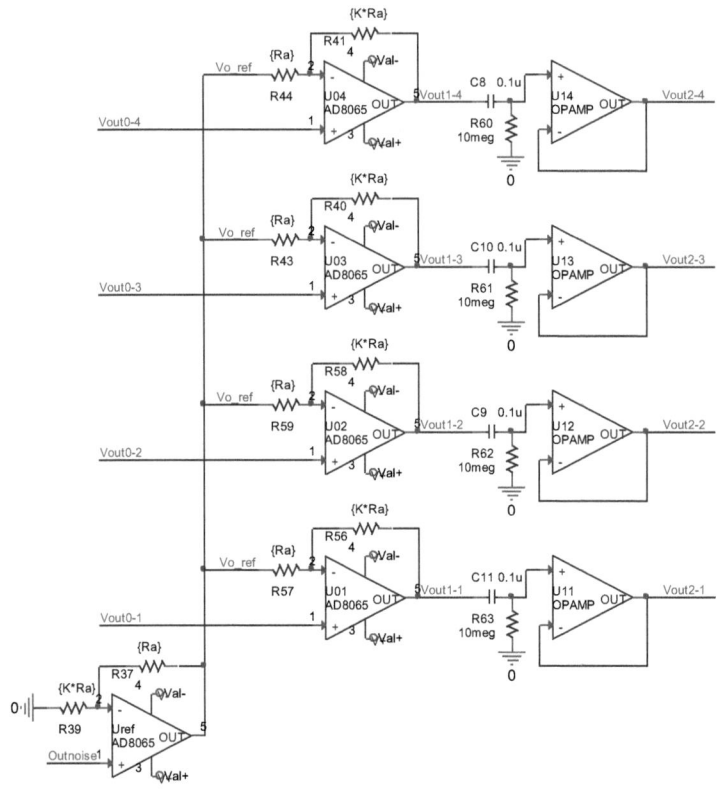

Schéma électrique de l'ensemble de la carte électronique :

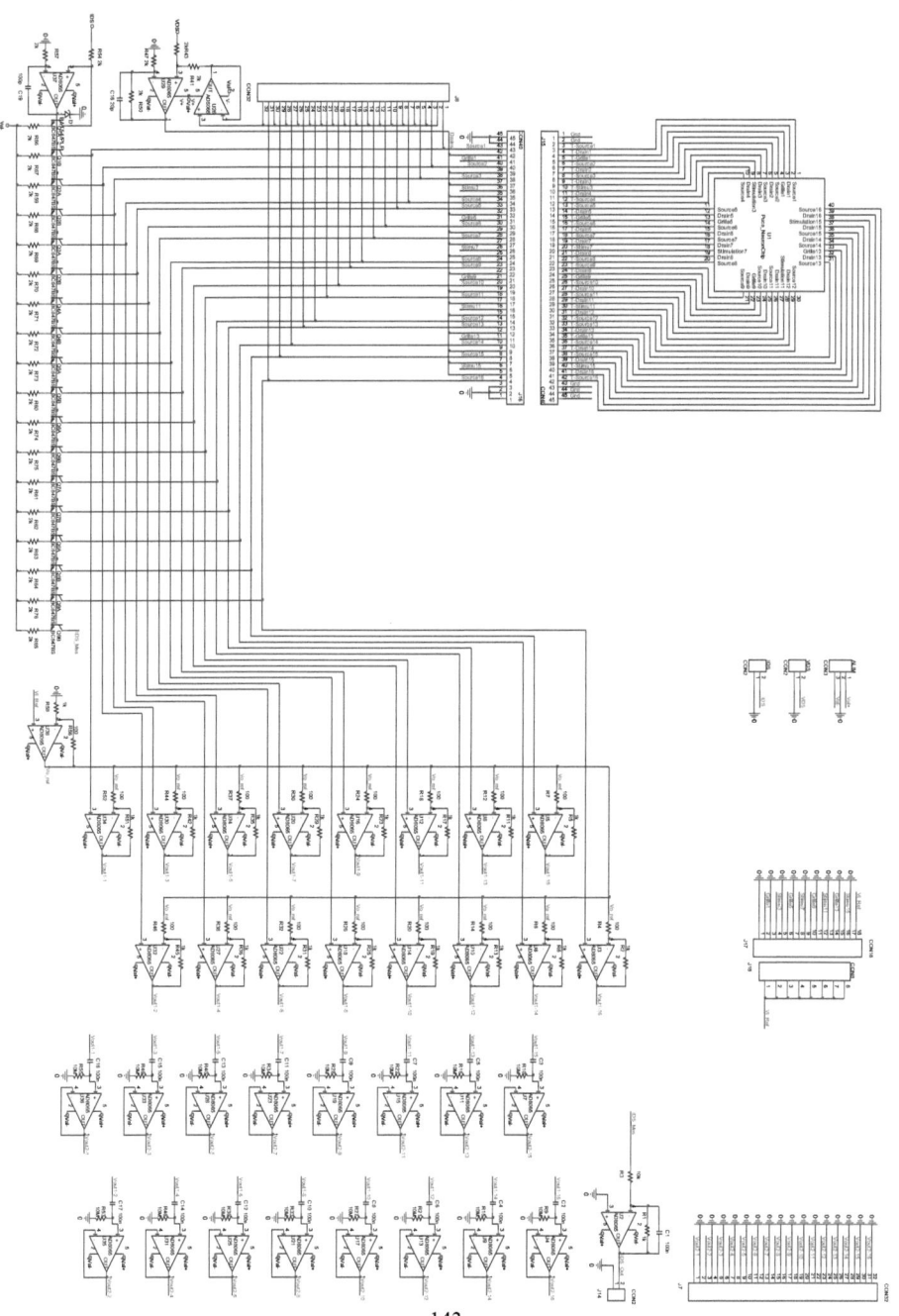

Résumés Français - Anglais

L'interface homme / machine a entraîné de nombreuses recherches en biotechnologie. Une partie de ces recherches portent sur les interconnexions cerveau / machine. En effet, le cerveau dispose de nombreuses connexions cérébrales par le biais de neurones. Ces neurones communiquent entre eux et propagent l'information grâce à un signal bio-électrique appelé potentiel d'action. L'objectif de ma thèse est de mesurer ce signal à l'aide de transistors ionosensibles à effet de champ (Ion Sensitive Field Effect Transistor ISFET). Le procédé ISFET a été modifié pour obtenir un nouveau type de capteur baptisé NeuroFET. Les puces contenant les NeuroFETs ont entièrement été fabriquées au sein de la salle blanche du LAAS. La croissance des neurites doit être ensuite orientée pour que celles-ci passent sur les grilles des NeuroFETs. Pour se faire, nous avons choisi de les contraindre mécaniquement à l'aide de canaux microfabriqués en résine SU-8. Après avoir testé différentes méthodes non concluantes, nous avons développé notre propre technique basée sur la photolithographie par projection. En modifiant les paramètres de focalisation et d'exposition, il a été possible d'obtenir des canaux en forme d'arcs brisés en une seule insolation. Grâce à cette méthode nommée " SU-8 3D", nous avons finalement réalisé des réseaux de microcanaux biocompatibles en SU-8 en vue d'analyses neuronales. Notre partenariat avec l'Institut de la Vision à Paris, nous a permis d'utiliser ce réseau de canaux afin d'orienter la croissance des neurites. La puce NeuroFET a été mise en boitier sur un circuit imprimé, isolée électriquement et recouverte d'un cône de culture permettant la culture neuronale à l'échelle de la puce individuelle. Les potentiels d'actions des neurones de rétine de rat n'étant pas assez important pour être mesuré à partir de l'électronique développée, nous avons utilisé des neurones d'escargots d'eau Lymnaea Stagnalis. Après trois jours de culture, nous avons appliqué aux cellules un cycle de différentes toxines permettant d'alterner le déclanchement de potentiels d'actions spontanés et l'état de repos. Ce cycle nous a permis d'observer une activité neuronale et ainsi de valider le bon fonctionnement du système.

The interface man / machine had followed of many researches in biotechnology. A part of these researches concern the interconnections brain / machine. Indeed, the brain arranges numerous intellectual connections thanks to neurons. These neurons communicate between them and propagate information thanks to a "bio-electric" signal called action potential. The objective of my doctoral thesis is to measure this signal thanks to ion sensitive field effect transistor (ISFET). The ISFET process was modified to obtain a new kind of sensor, named NeuroFET. Chips containing NeuroFETs were completely microfabricated in cleanroom. The growth of neurites must be directed to pass on the NeuroFET gate. For this to be successfully addressed, we chose to force them mechanically thanks to channels in SU-8 resin. After testing different but not decisive methods, we developed our own technique based on photolithography by projection. By modifying the parameters of focus and exposure, it was possible to obtain channels in the shape of broken bows in a single insulation. Thanks to this method named SU-8 3D, we realized a biocompatible, SU-8-based microchannel network Our partnership with the Institut de la Vision in Paris allowed us to organize the growth of neurites of neurons of rat retina using this microchannel network. Chips were packaged on a printed circuit board, isolated electrically and covered with a cone of culture allowing the neuronal culture on the scale of the individual chip. As action potential of neurons of rats retinas were barely important to be measured using our measurement interface, we used neurons of pool snails Lymnaea Stagnalis. After three days of growth, we applied to cells a cycle of various toxins allowing to alternate activity of spontaneous actions potential and state of rest. This cycle allowed us to observe a neuronal activity and so to validate the functionality of the system.

AUTEUR : Florian LARRAMENDY
TITRE : Interface entre neurones et puces structurées électroniques pour la détection de potentiels d'action

DIRECTEUR DE THESE : Liviu NICU et Pierre TEMPLE-BOYER
LIEU ET DATE DE SOUTENANCE : LAAS-CNRS, le 22 Février 2013

RESUME :
L'interface homme / machine a entraîné de nombreuses recherches en biotechnologie. Une partie de ces recherches portent sur les interconnexions cerveau / machine. En effet, le cerveau dispose de nombreuses connexions cérébrales par le biais de neurones. Ces neurones communiquent entre eux et propagent l'information grâce à un signal bio-électrique appelé potentiel d'action. L'objectif de ma thèse est de mesurer ce signal à l'aide de transistors ionosensibles à effet de champ (Ion Sensitive Field Effect Transistor ISFET). Le procédé ISFET a été modifié pour obtenir un nouveau type de capteur baptisé NeuroFET. Les puces contenant les NeuroFETs ont entièrement été fabriquées au sein de la salle blanche du LAAS. La croissance des neurites doit être ensuite orientée pour que celles-ci passent sur les grilles des NeuroFETs. Pour se faire, nous avons choisi de les contraindre mécaniquement à l'aide de canaux microfabriqués en résine SU-8. Après avoir testé différentes méthodes non concluantes, nous avons développé notre propre technique basée sur la photolithographie par projection. En modifiant les paramètres de focalisation et d'exposition, il a été possible d'obtenir des canaux en forme d'arcs brisés en une seule insolation. Grâce à cette méthode nommée " SU-8 3D", nous avons finalement réalisé des réseaux de microcanaux biocompatibles en SU-8 en vue d'analyses neuronales. Notre partenariat avec l'Institut de la Vision à Paris, nous a permis d'utiliser ce réseau de canaux afin d'orienter la croissance des neurites. La puce NeuroFET a été mise en boitier sur un circuit imprimé, isolée électriquement et recouverte d'un cône de culture permettant la culture neuronale à l'échelle de la puce individuelle. Les potentiels d'actions des neurones de rétine de rat n'étant pas assez important pour être mesuré à partir de l'électronique développée, nous avons utilisé des neurones d'escargots d'eau Lymnaea Stagnalis. Après trois jours de culture, nous avons appliqué aux cellules un cycle de différentes toxines permettant d'alterner le déclenchement de potentiels d'actions spontanés et l'état de repos. Ce cycle nous a permis d'observer une activité neuronale et ainsi de valider le bon fonctionnement du système.

MOTS-CLES :
Neurones, puces électroniques, potentiels d'action, microfluidique, microsystème, SU-8, dispositif électronique
DISCIPLINE ADMINISTRATIVE :
Génie Electrique, Electronique et Télécommunications (GEET)

Oui, je veux morebooks!

i want morebooks!

Buy your books fast and straightforward online - at one of world's fastest growing online book stores! Environmentally sound due to Print-on-Demand technologies.

Buy your books online at
www.get-morebooks.com

Achetez vos livres en ligne, vite et bien, sur l'une des librairies en ligne les plus performantes au monde!
En protégeant nos ressources et notre environnement grâce à l'impression à la demande.

La librairie en ligne pour acheter plus vite
www.morebooks.fr

VDM Verlagsservicegesellschaft mbH
Heinrich-Böcking-Str. 6-8
D - 66121 Saarbrücken

Telefon: +49 681 3720 174
Telefax: +49 681 3720 1749

info@vdm-vsg.de
www.vdm-vsg.de

Printed by Books on Demand GmbH, Norderstedt / Germany